Edizioni PensareDiveso
Cenacolo Jung Pauli

Bruno Del Medico

Kvantna zapletenost i psihička sinhronost

Polja sile, nelokalnost, izvenčutna zaznavanja.Presenetljive lastnosti kvantne fizike.

"Moje osebno mnenje je, da za znanost prihodnosti resničnost ne bo ne psihična ne fizična. Na nek način bo znanost oboje. Zato znanost ne bo izključno fizična ali psihična.

Zelo zaželeno bi bilo, da bi fiziko in psiho lahko razumeli kot dopolnilna vidika iste resničnosti. "

(Wolfgang Pauli, Nobelova nagrada za fiziko, v pismu Abrahamu Paisu leta 1950)

Povzetek knjige.

Uvod. O čem govori ta knjiga.

Številna stoletja so ekstrasenzorna dojemanja, kot so telepatija, znamenja prihodnosti in jasnovidnost, veljala za lažne fantazije, iluzije ali izume.

Materialistični pristop, ki prevladuje v znanstvenih krogih, a priori zanika kakršno koli "duhovno" resničnost. Razlog je v tem, da teh realnosti ni mogoče preveriti v laboratoriju.

Kljub temu imajo vsi ljudje nekaj podobnih izkušenj, kot jih zanika znanost. Na primer, lahko se spomnimo nepojasnjenih dogodkov, znamenj prihodnjih dogodkov ali sanj, ki se uresničijo.

Te izkušnje so nam pogosto koristile. To kaže, da niso bile iluzorne izkušnje.

Ti pojavi niso redki in prizadenejo vsakogar. Nekateri učenjaki, ki imajo bolj odprt um, so se tega vprašanja želeli znanstveno lotiti. Spraševali so se, ali obstaja način za razumevanje izvenčutnih izkušenj, ne da bi se zatekli k okultizmu, mitologiji ali psevdo-religiozni filozofiji. Knjiga pripoveduje o izkušnjah teh raziskovalcev.

Zdaj se končno pojavljajo dokazi, ki znanstveno dokazujejo obstoj višje ravni zavesti.

Obstaja "kolektivni um", ki vsebuje ideje in misli, skupne celotnemu človeštvu. To je psihični kozmos, ki ga lahko uporabimo v svojo korist. Iz tega kozmosa sprejemamo signale in informacije.

Leta 1980 je bila "quantum entanglement" eksperimentalno potrjena. Ta lastnost je značilna za osnovne delce. Vsi delci (atomi, elektroni, fotoni) lahko komunicirajo med seboj, ne da bi trpeli zaradi prostorskih in časovnih omejitev.

To je močno v nasprotju s predpostavkami materialistične fizike.

Komunikacija med osnovnimi delci poteka v dimenziji, ki ni podrejena znanim fizikalnim zakonom. To dimenzijo lahko primerjamo z "univerzalnim umom".

Poskusi "Projekta globalne zavesti", izvedeni na univerzi Princeton, so nedvomno pokazali obstoj svetovne zavesti.

Knjiga opisuje tako imenovano teorijo "kolektivne podzavesti", ki jo je razvil slavni psihoterapevt Carl Gustav Jung. Jungova teorija je zelo podobna novoplatonskemu konceptu "Anima mundi". Te teorije potrjujejo napovedi kvantne fizike, ki so jih razvili ugledni znanstveniki in nobelovci.

Kvantna fizika dokumentira obstoj ravni, imenovane "ne-lokalna". Na tej ravni osnovni delci kljub temu, da jih ločujejo velike razdalje, vedo vse drug o drugem in se obnašajo, kot da bi bili eno.

Iz materialistične vizije vesolja, ki popolnoma temelji na snovi, naključno združeni, se človeštvo pomika k novemu načinu razumevanja resničnosti, kjer snov in psiha sobivata in se integrirata.

Medtem ko klasična fizika ostaja prevladujoča v svetu, ki je zaznavna za naša čutila, se pojavljajo nove stopnje resničnosti z psihičnimi vsebinami.

Na kvantni ravni klasična fizika ne velja več. Materialni del kozmosa sam ne opravlja svoje funkcije. Potrebuje psihično dimenzijo, to je nadaljnjo raven, nelokalnost.

I Na tej ravni celo vesolje postane eno. Ni več iz materije, temveč iz energije in informacij, koordinira pa ga sila harmonije, brez katere bi obstajal samo kaos.

V najbolj skritih ravneh resničnosti snov ne more brez psihe. Podobno potrebuje psiha materialni del, da se izrazi.

To zavedanje spremlja človeštvo do novega evolucijskega preskoka, po katerem bo materialistična prevlada prenehala.

Vzpostavila se bo doba sodelovanja med psiho in materijo. Pojavi, ki jih zdaj zanikajo, na primer zunajčutna zaznavanja, bodo postali dediščina v splošni rabi v vsakdanjem življenju.

1. del - Pomembne začetne teme.

The person who follows the crowd
will usually go no further than the crowd.
(Albert Einstein)

Kdor sledi množici ljudi, nikoli ne bo šel dlje od mase ljudi.
(Albert Einstein)

Pokol na ulici Baruhill.

27. oktobra 1992 se je v Terrigalu, stanovanjskem predelu zaliva Bateau na osrednji obali, nedaleč od obljudenega avstralskega mesta Sydney, zgodila strašna tragedija.

V trenutku norosti je moški vdrl v dom Thomasa Gannana na ulici Baruhill in ubil Thomasa in dve hčerki: 23-letno Kerry in 18-letno Liso.

Poleg tega je norec ubil lastnega 27-letnega sina Davida in še dve osebi, ki sta bila v hiši.

Storilec poboja je bil Malcolm Baker.

Po poročanju lokalnega časopisa The Sidney Morning Herald, ki je o zadevi dolgo razpravljal, se je vse zgodilo iz neumnih razlogov. Vsekakor je pokol na ulici Baruhill ena tistih epizod, ki pred nebom kličejo po maščevanju.

Vsi soočeni s temi primeri smo presenečeni. Sprašujemo se, zakaj bi lahko prišlo do tako grozljivega zločina. Verniki se lahko vprašajo: Zakaj Bog to dopušča?

Bolečina celotne skupnosti je bila velika. Tretja hči Toma, Julie, ki je bila ob pokolu stara 17 let, je za izgubljene ljubljene napisala grozljivo ljubezensko pesem, iz katere citiram nekaj verzov:

... now that everything has happened
I wish it were a dream,
but unfortunately it is reality,
even if I can't believe it.
Dear Dad, even if you are gone

Slika 1. Na desni je Lisa Gannan. Zraven Lise je njena sestra Kerry, prav tako žrtev, ki jo je ubil Malcolm Baker. Na fotografiji je tudi mama deklet, ki je v času pokola ni bilo doma.

The Sydney Morning Herald

Late Edition 60 cents* 46 Pages No 48,409 First Published 1831 Editorial 282 2822; General 282 2833; Classifieds 282 1122 Thursday

Couple split up before massacre

Slika 2. Prva stran časopisa The Sydney Morning Herald z novicami o poboju.

I always love you..."

"... Zdaj, ko se je vse zgodilo
Želim si, da bi bile sanje,
ampak na žalost je to resničnost,
tudi če ne morem verjeti.
Dragi oče, tudi če te ni več
Vedno te ljubim..."

Spomnil sem se tega strašnega pokola, da bi knjigi dal pomen. Seveda na vprašanje, zakaj se te stvari lahko zgodijo, nimamo odgovorov. Lahko pa si predstavljamo, da če bi "nekdo" izdal opozorilo, se to ne bi zgodilo.

Velikokrat so ob nenadnih nesrečah različnih vrst, na primer naravnih nesrečah, ljudje, ki trdijo, da so imeli "negativne občutke", zaradi katerih so se lahko izognili najhujšim. Zakaj se to ne zgodi vedno? Zakaj se to ne zgodi pri vseh? Zakaj se to ni zgodilo v primeru družine Gannan?

Nerazumljiva slutnja.

Vendar je možno, da je ta družina prejela opozorilo. Kot smo videli iz Julijine ganljive pesmi, so dekleta iz gospodinjstva Gannan rada pisala. Tudi osemnajstletna Lisa je razveselila pisanje verzov.

Očitno je dekle polno življenja, veselo, sončno, kaj drugega bi lahko napisala, razen hvalnic veselju?

Lisa je bila v šoli. Učiteljica je bila neprijetno presenečena, ko je tik pred pobojem v Lisinem dnevniku prebrala te vrstice:

"Why did you come to cry before my grave?
I'm not in the grave, I'm not sleeping.
I am a wandering star in the darkness of the night sky.
Don't cry here anymore,
I'm not in the grave, I live in the dark sky."

»Zakaj si prijokal pred mojim grobom?
Nisem v grobu, ne spim.
Sem tavajoča zvezda v temi nočnega neba.
Ne ustavi se in jokaj tukaj,
Nisem v grobu, živim na temnem nebu."

Ko jo je učitelj vprašal, zakaj so verzi tako polni grenkobe, je Lisa odgovorila, da ne ve, ker so se v njenih mislih rodili spontano.

Vprašati pa se moramo tudi, ali bi jih Lisa lahko razumela.

Liso so verjetno opozorili, vendar v neznanem, hermetičnem jeziku, težko za razlago. Deklica tega jezika ni razumela.

Vsega, kar se dogaja okoli nas, čudnih naključij, "znakov", če nimajo pomena, jih ni mogoče razumeti.

Če smo na drugi strani sposobni osmisliti nepomembno epizodo, ta ista epizoda za nas postane pomembno naključje. Psiholog Carl Jung te dogodke imenuje "sinhronost".

Jung je večino svojega življenja posvetil proučevanju teh tem. Vsi prejmemo veliko sporočil v obliki izmuzljivih signalov, nenavadnih naključij, pogosto ponavljajočih se kombinacij, vzporednic. Vendar jih ne upoštevamo s pravo pozornost.

To se zgodi, ker ta dejstva obravnavamo kot zgolj primere. Težko je verjeti, da je "nekomu" tako mar za nas in nam poskuša poslati opozorila. Zakaj bi to storil? In če hoče to storiti, zakaj se ne izrazi bolj jasno?

Lahko se zgodi nasprotno.

V nasprotju z interpretacijskimi težavami v prejšnji epizodi je gospod Woods veliko več pozornosti posvečal intuiciji nevarnosti. Bil je starejši partner v newyorški odvetniški pisarni. Zdi se, da se mu je že večkrat uspelo izogniti neposrednim nevarnostim.

Pravzaprav se je po zelo razširjeni anekdoti na internetu izognil trem napadom.

Prvič 21. decembra 1988, ko se Woods ni vkrcal na letalo Pan Am 103. To letalo je bilo letalo Boeing 747-121, imenovano Clipper Maid of the Seas, in je letelo iz Londona v New York. Letalo je eksplodiralo v letu.

Tragedija se je zgodila nad mestom Lockerbie na Škotskem. V nesreči letala je umrlo 270 ljudi, 259 na letalu in 11 na tleh, ki jih je prizadela razbitina.

G. Woods je bil rešen, ker je opustil vstop na letalo.

Drugič, 26. februarja 1993, se je izognil terorističnemu napadu, svetovnemu trgovinskemu centru na Manhattnu. Takrat je bilo zaradi eksplozije kombija, naloženega z eksplozivi, nameščenega na podzemnem parkirišču, 6 mrtvih in več kot 1000 ranjenih.

Nazadnje se je gospod Woods 11. septembra 2001 malo pred terorističnim napadom, ki jih je zrušil, odselil iz "Twin Towers".

Tudi če ta zgodba ni natančno dokumentirana, obstaja na ducate podobnih, povezanih z zelo srečnimi ljudmi, ali ... ti ljudje so bili zelo pozorni na psihična opozorila.

Koliko tehta duša?

Okoli nas je veliko stvari, ki jih ne razumemo. Je to večna obsodba ali lahko upamo, da bomo prej ali slej našli način za osvetlitev?

Vse kaže na to, da številne človeške sposobnosti niso znane, res pa jih je nekaj, ki si jih sploh ne predstavljamo. Druge sposobnosti so samo intuitivne, spet druge, kot sta vizija prihodnosti in telepatija, prisežemo, da obstajajo, vendar jih ne znamo pravilno uporabiti.

V zadnjih stoletjih so znanstveni predsodki o resničnosti vesolja zanikali kakršno koli možnost vpletenosti psihične resničnosti v delovanje narave.

Svet okoli nas velja za mešanico "trdne snovi", za katero veljajo mehanistična pravila. Po tej koncepciji so normalne le stvari, ki jih je mogoče tehtati in meriti, vse drugo je čista iluzija, kot da ne bi obstajala.

Potrebne so natančnejše metode tehtanja.

S prihodom razsvetljenstva, kulturnega in filozofskega gibanja, ki se je v Evropi razvilo okoli 18. stoletja, je bilo zapisano, da če duša obstaja, mora biti mogoče izmeriti njeno težo. To je zato, ker ne bi mogla obstajati duša, ki bi bila narejena samo iz "duha".

Zato so se odločili, da bodo umirajoče pretehtali tik pred smrtjo in kmalu po njej, da bi ugotovili, ali se njihova teža spreminja. Ker je bilo ugotovljeno, da teža ostane enaka, je bilo ugotovljeno, da duša v celoti ne obstaja.

Menil sem, da bi ta poskus lahko štel za smešen brez dodajanja komentarjev. Namesto tega sem prejel novico, da jo nekdo želi ponoviti v naših časih.

Film z naslovom "21 gramov" je bil posnet leta 2003 in temelji na poskusih leta 1901, ki jih je vodil dr. Duncan MacDougall v Dorchesterju. Obstaja veliko mest s tem imenom, vendar se tukaj sklicujemo na tisto, ki se nahaja v Massachusettsu (ZDA).

Znanstvenik je želel dokazati, da ima človeška duša maso in jo je zato mogoče izmeriti z natančnejšimi tehtnicami, kot so jih uporabljali v 17. stoletju, zato je preveril težo šestih umirajočih pred in po njihovi smrti. Njegov zaključek je bil, da duša tehta 21 gramov in s tem naslov filma.

Za večjo varnost je zdravnik po isti metodi stehtal tudi psa in ugotovil, da je v tem primeru teža ostala enaka. Ugotovil je, da imajo duše samo ljudje, živali pa ne.

Ampak vse je treba prenoviti!

Dokler se znanost pretvarja, da ima tak materialističen pristop, v dialogu med znanostjo in psiho ne bo napredovalo. V tej knjigi želimo potrditi, da resničnost ni sestavljena samo iz snovi.

Vprašanja, ki si jih zastavljamo, so že stoletja enaka:

- Ali je možno, da ima tudi psiha prostor v vesolju, sestavljenem iz snovi?

- Ali obstaja povezava med psiho in materijo in na čem temelji?
- Ali naša osebna zavest živi zaprta vase ali ima sposobnost komuniciranja z vsemi ostalimi zavestmi vesolja?
- In kaj so "druge vesti"?
- Na kakšen način lahko poteka ta komunikacija med vestmi?
- In končno, ali obstaja globalna zavest, "nadzavest", ki povezuje in poenoti vse posamezne zavesti?

Ta vprašanja se morda zdijo zapletena, vendar jih ni nemogoče približati njihovemu razumevanju. Mnogi si prizadevajo olajšati nalogo. Ti učenjaki to počnejo resno in z znanstveno metodo.

V tej knjigi predstavljam odkritja, poskuse in izkušnje najbolj znanih znanstvenikov na temah, vključenih v te raziskave, od psihologije do kvantne fizike.

Sposobnost raziskovanja teh tem, namesto da bi jih z znanstvenega vidika ocenili kot nepomembne, lahko prispeva k objektivnemu razumevanju zmogljivosti našega uma in tega, kako uspe v dialogu z univerzalnim umom.

V svoji vlogi popularizatorja bom poskušal izpostaviti vse različne hipoteze, ne da bi favoriziral nobeno.

Normalno in paranormalno.

Trditev, da so psihični pojavi "paranormalni", je zelo vprašljiva. Nekaj lahko imenujemo "nenavadno", če se to ne zgodi pogosto ali se večini ljudi ne zgodi. Vsi pa tudi iz osebnih izkušenj vemo, da se izvenčutna zaznavanja pojavljajo normalno in pogosto.

Vendar je uradna znanost za to kategorijo dogodkov predpono "para" skovala s povsem negativnim pomenom. S "para" definiramo vse stvari, ki jih po uradni znanosti ni mogoče tehtati in meriti v laboratoriju in zato ne obstajajo.

Po tem kriteriju bi bile številne teme, o katerih govorim v tej knjigi, paranormalne, praktično bi bile prevare ali rezultat miselne sugestije.

Mnenje mnogih drugih bolj odprtih znanstvenikov je, da so po drugi strani to običajni dogodki, res zelo običajni, saj gre za veliko število ljudi, pogosto večkrat.

Zato tudi sam te dogodke opredeljujem kot pojave, vendar ne v smislu epizod, ki jih je treba zaničevati. Z izrazom pojavi se bomo sklicevali na nenavadna dejstva, ki jih je treba nadalje preučiti, da postanejo razumljiva.

Nič nenavadnega ni, če imamo "miselno vizijo", ki nato postane resničnost. Tako se lahko tudi nam vsem zgodi, da pomislimo na osebo, ki smo jo dolgo izgubili izpred oči, kmalu kasneje pa lahko od nje prejmemo telefonski klic.

Podobno nam pogosto uspe, da z najbližjimi miselno delimo nekatere misli, ki so nam zrasle v srcu. Skupna raba se zgodi tudi takrat, ko teh misli še nikoli nismo izrazili.

Skoraj vsi smo imeli občutek, da smo včasih opaženi. Potem se obrnemo in vidimo, da nekdo zares strmi vame zadaj.

Za zagovornike materializma gre zgolj za primere ali iluzije, ki so dozorele v možganski snovi.

Po mnenju materialistov sposobnost človeškega mišljenja temelji na izmenjavi elektrokemičnih signalov v možganih. Te izmenjave potekajo znotraj lobanje. Nič ne more priti ven.

Zato je popolnoma izključena možnost, da misli prihajajo iz naše glave ali vstopajo v našo glavo iz drugih glav.

Vse, kar si predstavljamo, se rodi in umre v naših možganih, nima možnosti, da bi se rešilo. Naše misli ne morejo potovati v vesolje in ne morejo doseči drugih možganov.

Nekateri pravijo, da bi morda bilo mogoče oddajati signale tako, da bi dva možgana povezali z električnim kablom. Ali pa bi bil potreben sistem wi-fi, ki bi lahko izmenjeval signale med možgani.

Po njihovem mnenju je sistem wi-fi, ki temelji na telepatiji, torej na izmenjavi čistih misli, brez fizičnih povezav, popolnoma nepredstavljiv. Čeprav se zdi, da se pojavljajo telepatski pojavi, se po materialistični znanosti ne pojavljajo. Odločili so se, da telepatija ne obstaja.

Na tem mestu se je vredno vprašati, kaj je znanost. Je morda znanost sistem, v katerem vse poteka v skladu s predsodki večine?

Ali pa je znanost sistem, v katerem se raziskuje, ne da bi se izključila kakršna koli možnost? Upoštevati je treba, da je preveč nezmotljivih učiteljev moralo spremeniti svoja prepričanja. žal se pogosto zgodi, da se zmotna prepričanja spremenijo šele potem, ko so bila vsem dolgo časa vsiljena.

Od stoletja razsvetljenstva do zadnjih let je bil materializem edina možna resničnost. Končno, od srede prejšnjega stoletja so razkritja kvantne fizike izbrisala številne napačne predstave.

Od pojava kvantne fizike naprej je majhna manjšina razsvetljenih umov odprla nova obzorja. Ti znanstveniki se še naprej povečujejo, saj znanstveni dokazi postajajo materialistične teorije zastareli.

Ti moški so ponovno ocenili koncept psihe. Psiha je postala pomembna sestavina opisa stvarnosti skupaj z materijo.

Prva organizacija, ki je bila posvečena znanstvenemu preučevanju izvenčutnih resničnosti, je bilo "Britansko društvo za psihične raziskave".

Britansko društvo za psihične raziskave.

Leta 1882 so to društvo ustvarili trije člani "Trinity College" v Cambridgeu. Njihova imena so bila Chiaman Edmund Gurney, Frederic Myers in Henry Sidgwick. Edmund Rogers je tudi sodeloval pri fundaciji

BSPR je neprofitno združenje, ustanovljeno s tem namenom:

"Preučevanje dogodkov in veščin, ki so običajno opredeljeni kot mediistični ali paranormalni s spodbujanjem in podpiranjem pomembnih raziskav na tem področju".

Poleg tega je bilo podjetje ustanovljeno za "znanstveno in nepristransko preučevanje paranormalnih pojavov".

Zato se je BSPR rodil ravno zato, da bi dobro raziskal parapsihološke ali paranormalne pojave in ocenil, koliko resnice je bilo.

Raziskava se je osredotočila predvsem na šest področij, vključno z:

- telepatija;
- očarljivost ali magnetizem;
- fizični pojavi, ki se pojavijo med seansami;
- zgodovina vseh teh pojavov.

Trenutno ima združenje sedež v Londonu in Cambridgeu. Francoska podružnica SPR je bila ustanovljena leta 1885 kot "Société Francaise pour les Recherches Psychiques" (SFRP). Kasneje je bila ustanovljena ameriška podružnica "American Society for Psychical Research" (ASPR).

Nekateri slavni podporniki združenja so bili Carl Gustav Jung, Mark Twain, Lewis Carroll, Carl Alfred, Lord Tennyson, J. B. Rhine in Arthur Conan Doyle.

Dejavnost združenja se nadaljuje z objavo četrtletnika "Journal of the Society for Psychical Research" (JSPR).

Še vedno premalo.

Sprejem uradne znanosti v soočenju z BSPR je bil hladen. Hermann Ludwig Ferdinand von Helmholtz, nemški zdravnik, fiziolog in fizik. bil je eden najsposobnejših znanstvenikov svojega časa. Zaradi tega je dobil vzdevek "Kanzler der Physik" (kancler za fiziko). Zelo odločno je izjavil:

> *Nikoli ne bom verjel v prenos misli med različnimi ljudmi. Ne bom si premislil, tudi če poslušam pričevanja vseh članov BSPR. Pravzaprav si ne bom premislil, tudi če to vidim na lastne oči.*

Podobne izjave so bile podane tudi v primeru prenosa glasu in slik. Vendar so bili kasneje odkriti radijski valovi.

Morda bo odkritje "psihičnih valov", ki so v običajni fiziki trenutno neznane, marsikoga spet začelo razmišljati.

Na kvantni ravni naj bi bili "psihični valovi" ali kaj podobnega zelo možni in jih preučujejo.

Na žalost je znanost zelo konformistična in vsi se prilagajajo obstoječim razmeram, še posebej, če imajo veliko za izgubiti. Stanje v raziskovalnem svetu je razočaranje. Resnih študij o ekstrasenzoričnih zaznavah je še vedno zelo malo.

Če bi kdo želel svoj interes usmeriti na področje paranormalnega, zagotovo ne bi našel sredstev in resno ogrozil svojo kariero.

Na srečo se stvari spreminjajo, čeprav počasi. Materializem je zdaj zastarel nauk.

Na žalost še vedno obstajajo velike skupine, ki se trmasto zavzemajo za obrambo materialističnih teorij. Izgledajo kot zadnji japonski barikadirani v trdnjavah pacifiških otočkov, tisti, ki niso hoteli sprejeti resničnosti. Zanje je realnost takšna, da se je vojna končala porazno.

Obzidje Jerihona se ruši.

Obstaja nekaj nedavnih odkritij, tako nepričakovanih kot dokumentiranih in potrjenih, ki vznemirjajo prepričanja fizike v zadnjih nekaj stoletjih in lahko odločilno vplivajo na razumevanje zunajčutnih pojavov (ESP).

Razkritja zadnjih let, zlasti na področju kvantne fizike in pri proučevanju vesolja, dajejo povsem drugačen pogled na resničnost.

Navajam nekaj novic, koristnih za razumevanje naslednjih poglavij.

"Junk DNA".

V molekularni biologiji je "nekodirajoča DNA" opredeljena kot katero koli zaporedje DNA, ki ni predmet transkripcije v RNA. Preprosto povedano, "nekodirajoča DNA" nima znanih funkcij, nihče ne ve, čemu služi. Očitno pomanjkanje uporabnosti za to DNA je povzročilo, da je bil skovan izraz junk DNA.

Oblikovanih je bilo več hipotez. Edino gotovo pa je, da je približno 98,5% človeškega genoma sestavljeno iz nekodirajočih zaporedij, torej "junk DNA".

Tudi če upoštevamo druge metode izračuna, ostaja odstotek DNA, ki se ne uporablja, približno 72,5%.

Ugotovljene so bile ustrezne podobnosti med osnovnimi pari človeške DNA in podobami rib, psov ali piščancev. Očitno obstajajo človeški elementi DNK, ki so skupni vrstam, ki so na evolucijski poti oddaljene milijone let. Ves ta čas je DNK različnih vrst ohranil nedotaknjen "neuporaben" del.

Toda ali nas niso naučili, da evolucija nadomesti neuporabne dele z izboljšavami?

Zato je zelo verjetno, da ima vsa ta "junk DNA" neko nejasno vlogo, zelo drugačno in verjetno bolj razvito kot vloga običajne DNA.

Regeneracija možganskih celic.

Nevrobiologija že od svojega izvora trdi, da možgani odraslih sesalcev (torej tudi človeka) ne morejo ustvarjati novih živčnih celic. Ko se staramo, možgani neizprosno gredo proti propadanju.

Pred približno dvajsetimi leti je bila z odkritjem možganskih izvornih celic ta gotovost izbrisana in zdaj vemo, da je na nekaterih področjih možganov odraslih možno nastajanje novih nevronov.

Na podlagi poskusov na miših lahko možgani vsak dan proizvedejo do 10.000 novih nevronov.

Odpornost možganov je izjemno večja, kot so verjeli do pred nekaj desetletji.

Posledično je treba ponovno pretehtati delovanje in zmožnosti človeških možganov. Leta 1980 je prestižna znanstvena revija "Science" dokumentirala primer pacienta na zdravljenju na univerzi v Sheffieldu v Veliki Britaniji.

Pacientom bol mladý študent, u ktorého sa ukázalo, že nemá mozog. Napriek tomu mal chlapec IQ 125. Táto

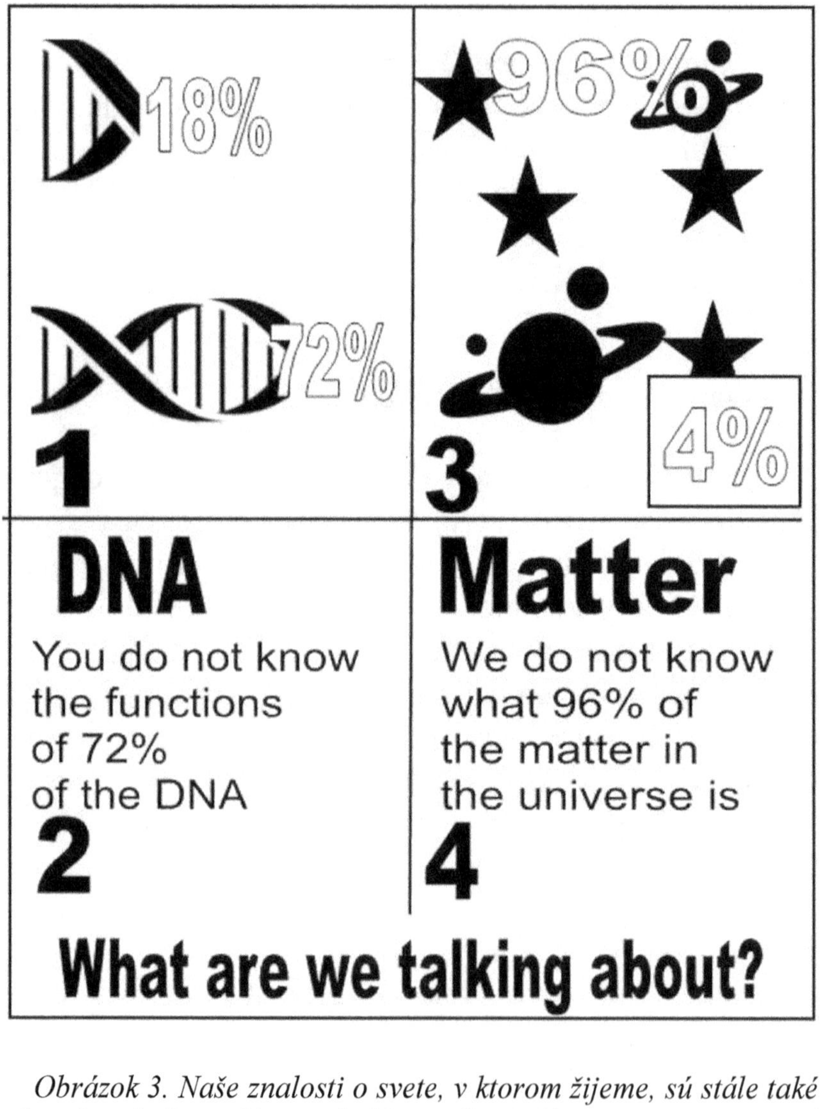

Obrázok 3. Naše znalosti o svete, v ktorom žijeme, sú stále také obmedzené, že sa dá povedať len veľmi málo a nemožno poprieť nič.

1 - 2 72% DNA má neznámu funkciu.

3–4 96% vesmíru je tvorených „temnou hmotou".

hodnota je určite nadpriemerná. Mladému mužovi sa v skutočnosti podarilo vyštudovať matematiku s vynikajúcimi známkami.

(Zdroj: R. Lewin, „Je váš mozog skutočne nevyhnutný?“, Science 210, 1232–1234, 1980.)

Je známych veľa ďalších prípadov jedincov, ktorým sa aj napriek závažným mozgovým chybám darí viesť celkom normálny život

Známy je napríklad prípad Michelle, mladej ženy z Virgínie, ktorá sa narodila bez ľavej polovice mozgu. Tento prípad študoval a zdokumentoval Jordan Grafman, riaditeľ „Bethesda Cognitive Neuroscience Unit“.

CICAP na svojej webovej stránke zverejňuje článok, v ktorom sa uvádza, že príbeh Michelle rozprávali týždenníky a noviny ako dôkaz existencie neuronálnej plasticity alebo neurogenézy. Podľa článku CICAP je to nezmysel; neuronálna plasticita nemá nič spoločné s príbehom Michelle. Tento príbeh iba demonštruje adaptabilitu mladého mozgu na prostredie.

Bude to prispôsobivosť, faktom je, že Michelle žije veľmi dobre iba s polovičným mozgom.

96% vesmíru nemožno nájsť.

Tí, ktorí sledujú vývoj astronomického výskumu, už vedia neuveriteľnú skutočnosť. Keď sa verilo, že všetko je teraz známe, zistilo sa, že 96% vesmíru tvorí hmota, o ktorej nevieme absolútne nič. Vieme iba to, že existuje.

Tento materiál nie je viditeľný, nie je merateľný, ale vieme, že tam je. Keby tam nebol, vesmír by nemohol fungovať tak, ako funguje, na základe zákona gravitácie.
Až doteraz boli objavy vesmíru založené na predpovediach, ktoré sa neskôr ukázali ako správne. Predpovedala sa napríklad existencia neutrína a Higgsovho bozónu. Tieto predpovede sa potvrdili.
Dnes sa predpovedá existencia časti vesmíru, ktorá sa rovná 96%, a nazýva sa „temná hmota" práve preto, že je neviditeľná a nemerateľná. Čakáme, či bude táto predpoveď tiež presná, alebo či vesmír takto funguje z nejakého iného dôvodu.
Prichádza mi na myseľ vyhlásenie lorda Kelvina, jedného z najvýznamnejších fyzikov jeho doby. V roku 1900, keď sa zdalo, že Newtonova mechanika a elektromagnetizmus vysvetľujú celú fyzickú realitu, povedal:

„Vo vede nie je čo objavovať nič nové: zostáva len robiť čoraz presnejšie merania."

Pravdepo-dobne však v jeho dobe nebolo objavených ani 1% reality.

Časť 2. Duša sveta.

"I simply believe that some part of the
human Self or Soul is not subject
to the laws of space and time."
(Carl Gustav Jung)

„Som jednoducho presvedčený, že časť„ Ja "alebo Duše
človeka nepodlieha zákonom priestoru a času."
(Carl Gustav Jung)

Vedomie, že „všetky veci sú jedno“.

Od úsvitu existencie bola ľudská myšlienka fascinovaná a zahrnutá do konceptu, že stvorenie je navzájom prepojené prostredníctvom celkového puta. Nejde o odkaz súvisiaci s hmotou. Je to psychický odkaz, ktorý je nad hmotou.

Pohanstvo a prvé animistické náboženstvá verili, že každá realita, aj tá najjednoduchšia, obsahuje duchovnú prítomnosť, často spojenú s „dušou stvorenia“.

Platón a „Anima mundi“.

Medzi prvými, ktorí hovorili o univerzálnej duši, bol Platón, grécky filozof, ktorý žil v rokoch 428 až 340 pred Kr. ktorý tento pojem vyhlásil v časopise „Timaeus“ a prevzal ho zo starodávnejších orientálnych tradícií. Platón píše takto:

> "Wherefore, using the language of probability, we may say that the world became a living creature truly endowed with soul and intelligence by the providence of God". (Plato, Timaeus, chapter VI, 30b-30c)

> *„Preto podľa pravdepodobnej tézy treba povedať, že tento svet sa zrodil ako živá bytosť skutočne obdarená dušou a inteligenciou*

vďaka božskej prozreteľnosti" (Platón, Timej, kapitola VI, 30b-30c).

Platón mal tiež problémy s materializmom, ktorý v tom čase predstavoval ďalší filozof, Demokritos. Democritus žil od 460 do 370 pred n. Zasadzoval sa za tézu atomizmu. Táto téza predstavuje prvú formu myslenia, podľa ktorej hmota predstavuje jedinú substanciu a je jedinou príčinou vecí.

Krščanski filozof Plotin je živel v tretjem stoletju. Na Platonovo misel se sklicuje, ko v svojem delu "Enneidi" piše:

"This universe is a unique animal that contains in itself all the animals, having only one Soul in all its parts". (Plotinus, The Enneads IV, 4, 32)

»To vesolje je edinstvena žival, ki v sebi vsebuje vse živali. V resnici ima vesolje v vseh delih samo eno Dušo «(Plotin, Enneadi IV, 4,32)

Kasneje lahko ločimo zahodno in vzhodno misel.

"Anima mundi" po zahodni misli.

William of Conches, francoski skolastični filozof 12. stoletja, ki razlaga misel krščanstva, na katero je povezan, govori o "Duši sveta" takole:

The Soul of the World is a natural energy beings for which some have only the ability to move, the other to grow, others to perceive through the senses, others to judge. The question is ... what is that energy. But, as it seems to me natural that energy is the Holy Spirit, which is a benign and divine harmony that is that from which all realities have to be, to move, to grow, the feeling, the experience, the judge."

»Duša sveta je naravna energija bitij. Zahvaljujoč tej energiji se nekatera bitja lahko premikajo, druga rastejo, tretja zaznavajo s čutili, tretja presojajo. [...]
Radi bi vedeli, kaj je ta energija. Seveda je ta naravna energija Sveti Duh. Ta energija je božanska in dobrohotna. Vse stvari lahko obstajajo, rastejo, se premikajo, čutijo, živijo, presojajo zahvaljujoč tej energiji."

V 16. stoletju je koncept "duše sveta" podpiral Giordano Bruno. Ta filozof si je predstavljal boga, ki je tako prisoten v naravi, da bi lahko potrdil, da je narava sama Bog. Filozof Tommaso Campanella je tudi trdil, da imajo vsi elementi obstoječe resničnosti vest.

"Anima mundi" v vzhodni misli.

Vzporedno s tipičnimi oblikami Zahoda se je koncept "duše sveta" razvil tudi na vzhodu, in sicer v religijah, kot so hinduizem, budizem in taoizem.

Tudi v vzhodnih religijah ali filozofijah prevladuje ideja, da vesolje oživlja enotna in kompaktna sila.

Na Kitajskem je ta sila Tao, to je dejavnost, ki povezuje kozmični dualizem, ki ga predstavljata "jin in jang", do enotnosti.

V slavnem besedilu "Tao Te Ching" mojster Lao Tse opisuje Tao s temi verzi:

There was something undefined and complete, coming into existence before Heaven and Earth.
How still it was and formless,
standing alone, and undergoing no change, reaching everywhere and in no danger. It may be regarded as the Mother of all things.
I do not know its name, and I give it the designation of the Dao. Making an effort to give it a name I
call it The Great.

Obstaja nekaj, kar je neomejeno popolno.
To obstaja še pred rojstvom neba in zemlje.
Kako miren je! In kako prazno je!
Je neodvisen in nespremenljiv.
Tao brez ovir tava v krogih.
Tao lahko obravnavamo kot mater sveta.
Ne veste njegovega imena.
Imenujem ga "Tao".
Temu pravim "Kaj je super".
Vendar to ime ni dovolj za izražanje njegove veličine.

Carl Jung komentira te verze "Tao Te Ching" v svojem eseju o sinhronosti. Jung se v citatu sklicuje na učenjaka Richarda Wilhelma. Wilhelm tao prevede kot "pomen stvari".

Tako Tao predstavlja pomen resničnosti vesolja.

Podobno dogodki "sinhronosti" postanejo smiselni šele, ko oseba, ki jo doživlja, pripiše pomen vrsti nepovezanih dejstev.
"Pomen", ki ga je opisal Jung, nima fizične narave. Je izključno intuicija psihe.
"Tao te Ching" vsebuje tudi te verze:

"The Tao (meaning) causes things
In a misty, indistinct manner.
So indistinct, so foggy
Images are in him,
so foggy, so indistinct
things are in him ...
....
You look for it with your eyes and you don't see it,
this means, expressed with a name: what is aerial.
He strains his ear and does not hear it,
this means, expressed by a name: the subtle
He holds out his hand and does not grasp it,
this means, with a name: the incorporeal.
...
It means form without form,
the image without a thing.
It means the nebulous-vanished,
you go towards him and you can't see his face,
if you follow it you can't see its back."

Tao (pomen) ustvarja dogodke.
Rodi jih na meglen, nerazločen način.
Kako nerazločne so, kako meglene so mentalne podobe, ki jih vidimo skozi Tao!
Kako nerazločne so, kako meglene so skozi Tao materialne stvari!
...
Tao iščete z očmi in ga ne vidite.
Njegovo ime je "eterično".

Napenjaš si uho, da slišiš Tao in ga ne slišiš.
Njegovo ime je "tanek".
Tao iščeš z roko in ga ne primeš,
Njegovo ime je "brez materialnega telesa".
...
Tao pomeni "oblika brez oblike".
Tao pomeni "stvar brez snovi".
Tao pomeni "megleno izginil".
Če greš v Tao, ne vidiš njegovega obraza.
Če mu sledite, ne vidite njegovega hrbta.

Za hinduizem in budizem je "duša sveta" "Ātman". To je načelo "Jaza, nekaj individualnega in notranjega. To osebno in intyeruiore načelo je neločljivo združeno z Brahmanovim, univerzalnim in zunanjim principom.

V "baptistični cerkvi West Side" se zgodi čudež.

V hladnem večernem sredeku, 1. marca 1950, so se, kot običajno, člani zbora baptistične cerkve West Side, ki se nahaja na 488 West Court v mestu Beatrice v Nebraski, kmalu sestali.

Vaje pevskega zbora naj bi se začele ob 19.30. Običajno noben od petnajstih pevcev ni prišel pozno, iz spoštovanja do ostalih. Poleg tega je bila zaveza izvršena z odgovornostjo poklicanih na službo v božjo slavo.

Tri minute pred začetkom, natanko ob 19.27, ko je bil zborovodja navadno pripravljen na stopničkah z palico v roki, je cerkev eksplodirala. Kosi sten in strehe, pohištvo, stoli in vsi drugi deli sobe so bili vrženi na desetine metrov. Vzrok, ki so ga kasneje ugotovili v gasilcih, je bila eksplozija plina.

Po neverjetnem naključju je bilo rešenih vseh petnajst pevcev, saj ravno tistega večera nihče ni prišel pravočasno. Predvsem pastor častiti Walter Kiempel, njegova žena in hči Marilyn Ruth so v zadnjem trenutku spoznali, da ima obleka njihove hčerke madež in so zapravili čas, ker je bilo treba drugo obleko zlikati.

Službenik Herb Kipf je moral nujno poslati pismo vodstvu svojega podjetja, nato pa ga je poslal spraviti v poštni nabiralnik, da ga je poslal naslednje jutro. Posledično je tudi njegova teta Esther Stuermer prispela pozno z njim.

Dorothy Wood, mlada študentka, je bila zaposlena z oskrbo svojega bolnega očeta in je zato imela težave, ki so povzročile zamudo. Ker ni živela daleč od cerkve, je vedno potovala peš s sosedo Lucille Jones, ki je ni videla, da prihaja, čakala nanjo.

Gospa Paul, direktorica zbora, je morala sinu pomagati pri nalogi. Posledično sta tako s hčerko Marilyn prispeli pozno. Tudi Harvey Ahl je pozno skrbel za otroke. Ladona Vandergrift, Royena Estes in Sadle Esh, ki so potovale z istim avtomobilom, so imele mehanske težave.

Joyce Black se je sprva odločil, da tisti večer zaradi mraza ne bo šel ven, potem pa je šel ven. Vendar je zaradi neodločnosti prispel pozno.

Nazadnje je Leonard Schuster pomagal materi, da se je pripravila na misijonski shod, in ni vedel, da zamuja.

BEATRICE DAILY SUN

on Still
s Gloomy
r Picture

Gas Is Blamed For Church Explosion

Find 2 Leaks In Main Not Very Distant

Gas May Have Followed Pipe Through Frozen Ground

Legal Snarls Signing Of C

Contract May Not Be
Lewis Meets With

Happy Miners Toast Lewis; Rarin' To Go

Coal Diggers Elated Over Chance To Get Back To Work

Slika 4. Prva stran Beatrice Daily Sun z novico o eksploziji.

Slika 5. Stavba baptistične cerkve West Side po eksploziji 1. marca 1950.

Zaradi vrste okoliščin nihče od 15 članov zbora v eksploziji ni utrpel škode. Ali je mogoče z naključjem razložiti to neverjetno verigo naključij? Pravzaprav se vse te "nenavadne zamude" ne zdijo običajne.

Po mnenju Carla Gustava Junga so naključja, kadar se tako ponavljajo, lahko smiselna za tiste, ki živijo v tej situaciji. Po Jungu lahko vrsta čudnih dejstev postane "pomembna".

Študija tako imenovanih "pomembnih" naključij je Jungu omogočila, da je razvil "teorijo sinhronosti".

Izraz "sinhronost Carla Junga" označuje povezavo med dvema ali več dogodki, ki se zgodijo brez splošnega vzroka. Dogodki se morajo zgoditi neodvisno. Noben dogodek ne sme biti posledica drugega dogodka. Noben dogodek ne sme vplivati na drug dogodek v seriji. Poleg tega se morajo dogodki, ki tvorijo "jungovsko sinhronost", zgoditi v katerem koli časovnem obdobju. Vendar morajo biti razumno povezani med seboj, četudi so časovno oddaljeni.

Dejansko ni vzročne zveze med zamudami koristov in eksplozijo cerkve: eksplozija ne more biti vzrok zamud. Pravzaprav se je zgodilo kasneje. Podobno zamude niso vzrok eksplozije.

Pomembno je vedeti, da je vsota vseh zamud za petnajst ljudi postala razlog za odrešitev. Zahvaljujoč temu lahko verjamemo, da ima ta dogodek posebne značilnosti.

V naši fizični resničnosti nihče ni mogel vedeti, da bo cerkev eksplodirala. Morda pa je bila stvar na drugi ravni resničnosti znana. Na tej ravni čas in prostor ne obstajata, vse je že znano.

V ravni brez preteklosti in prihodnosti sta zavedanje nevarnosti in pojav iste nevarnosti prisotna hkrati in večno.

Če bi človeška zavest lahko potovala na to raven, bi bila vsa nevarnost znana vnaprej. Zato se je mogoče izogniti vsaki nevarnosti. Žal tega potovanja ne moremo. Vendar včasih informacije prevzamejo vodilno vlogo in nas pridejo iskati. Informacije prihajajo skrivnostno. Naenkrat "vemo". V teh primerih lahko poznamo stvari, ki prihajajo iz neznane modrosti.

Tretji del. Sinhronost Carla Junga.

"Life is a game in reverse. The truth is that all our situations or circumstances have their beginning in our mind. Our idea of who we are create what we become. The great news is that you can change your ideas and change your life. " (Carl Gustav Jung)

»Življenje je igra, ki deluje nazaj. Resnica je, da imajo vse situacije ali okoliščine, v katere smo vpleteni, začetek v mislih. Naša ideja o tem, kdo smo, ustvarja to, kar postanemo. Odlična novica je, da lahko spremenite svoje prepričanje o sebi in tako spremenite svoje življenje. " (Carl Gustav Jung)

Carl Gustav Jung. Sinhronost in kolektivna podzavest.

Metoda za bolj znanstveno opredelitev "duše sveta" je identifikacija s teorijo, imenovano "kolektivna podzavest". To teorijo je razvil Carl Jung, slavni psihoanalitik, psihiater in antropolog, rojen v Kesswilu v Švici 26. julija 1875.

Kolektivno nezavedno predstavlja vsebnik "idej", arhetipov. Je kot višja zavest, na katero so povezane vse posamezne zavesti, da lahko delimo njene vsebine. (Glej sliko 6)

Arhetipi, ki jih vsebuje kolektivno nezavedno, so oblike in simboli, ki se kažejo v vseh ljudeh vseh kultur. Vsi lahko koristimo od vsebine kolektivne podzavesti.

Jung gradi teorijo kolektivne podzavesti, začenši s preučevanjem nenavadnih naključij, ki vplivajo na vse ljudi.

Ko se ta naključja pokažejo tako pomembno, da jih ni mogoče šteti za zgolj plodove naključja, postanejo sinhronosti. Sinhronosti izvirajo iz kolektivne podzavesti.

Pomembnih naključij ni več mogoče šteti za rezultat naključja, vendar jih je treba razložiti na višji ravni zavesti.

V skladu s teorijo, ki jo je razvil Jung, lahko človeško psiho razdelimo na tri različne plasti: zavestno, individualno podzavestno in kolektivno podzavestno. Zavestna raven vsebuje vse pojme, katerih se človek popolnoma zaveda.

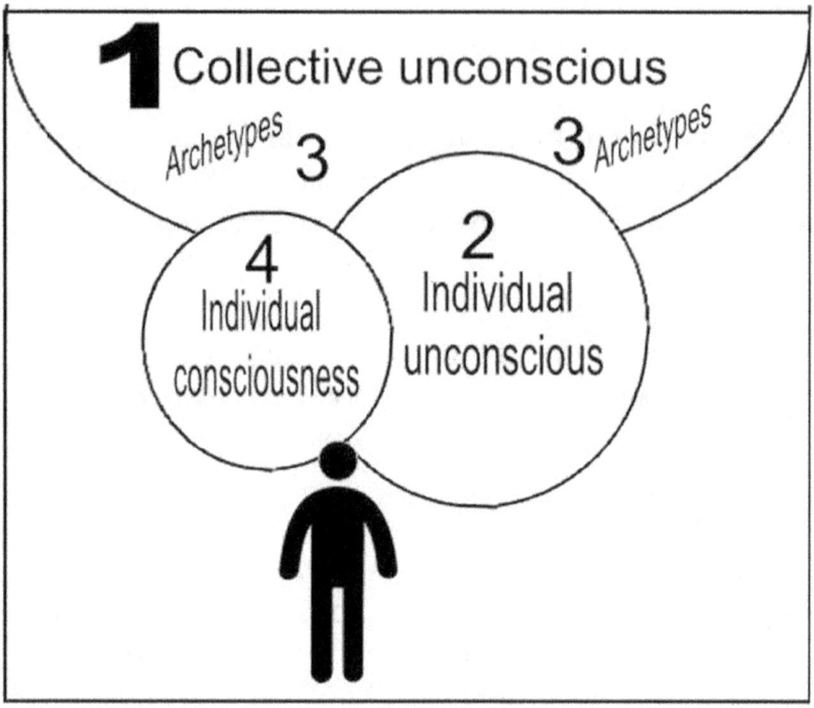

Slika 6. Po Jungu lahko človeško psiho razdelimo na tri plasti: zavest, individualno nezavedno in kolektivno nezavedno.
1 Kolektivna podzavest. celotnega človeštva.
2 Podzavest vsakega posameznika.
3 Arhetipi, prisotni v kolektivni podzavesti.
4 Osebna vest.

Vsak posameznik ima nezavedni del. To je tista dimenzija psihe, ki se je posameznik ne zaveda neposredno. Vsebuje instinkte, misli, čustva, vedenjske modele na osnovi človekovih dejanj.

Namesto tega kolektivna podzavest vsebuje vse znanje človeštva v obliki arhetipov.

Sinhronost je dogodek, skozi katerega se arhetipi pretakajo iz kolektivnega nezavednega v našo individualno zavest s pomembnimi učinki na našo realnost.

V obeh primerih, o katerih smo pripovedovali na prejšnjih straneh, poboju na ulici Baruhill, v katerem je bila Lisa Gannan, in eksploziji baptistične cerkve West Side, v kateri je sodelovalo petnajst članov zbora, lahko prepoznamo sinhroni dogodek.

Tanka nit, povezana z njihovim življenjem, bi lahko prinesla odrešenje mlade Lise. Ista nit in je dejansko določila varnost pevcev. Vprašati se moramo: kakšna moč, kakšna skrivnost, kaj je na drugem koncu vitke niti?

Ali nam vsebina teh primerov resnično omogoča, da jih prepoznamo kot sinhronske epizode? Poskusimo podrobno preučiti oba dogodka, da vidimo, kako se iz preprostih naključnih naključij preobrazita v sinhronost.

Sinhronost v dogodku na ulici Baruhill.

Nekaj dni pred pobojem je Lisa Gannan napisala nekaj vznemirjajočih verzov, v nasprotju s svojim vedrim in sončnim temperamentom.

Srednješolska učiteljica bere verze in vpraša Liso, zakaj je tako žalostna. Lisa odgovarja, da ne ve, verzi so ji prišli spontano.

Epizodo lahko štejemo za trivialno naključje. (Glej sliko 7)

Čez nekaj časa se zgodi poboj, v katerem Lisa izgubi življenje. Med pobojem in pisanjem žalostnih vrstic ni povezave. Pokol je le novica, enaka vsem, ki se dogajajo vsak dan na svetu. (Glej sliko 8)

Če vsako od dveh dejstev upoštevamo posebej, lahko ugotovimo, da med seboj nista povezana. Noben dogodek ni bil vzrok za drugega.

Poskusimo vseeno razmisliti o dveh epizodah.

Poskusimo dejstvom pripisati "pomen", ki ju povezuje.

Če sta epizodi povezani s "smislom", nista več nepomembni, vendar postaneta pomembni. (Glej sliko 9)

Povezana dejstva, kot na sliki, predstavljajo sinhronost. Na sliki 10 lahko vidimo, kako se gradi sinhronost.

Vendar dvomimo. Liso so opozorili na grozečo nevarnost. Lahko se vprašamo, zakaj drugih žrtev niso opozorili,

Pravzaprav vemo, da je Lisa napisala tragično pesem le zahvaljujoč pričevanju učitelja, ki jo je prebral. V nasprotnem primeru nikoli ne bi vedeli za to okoliščino. Lisa sama svoji poeziji ni pripisovala nobenega pomena.

Na žalost je bil namig, ki ga je Lisa prejela, minljiv in bi se lahko raztopil v njenem spominu.

Če je tako, si lahko predstavljamo, da so morda tudi druge žrtve poboja prejele opozorila. Vendar ta opozorila niso bila upoštevana.

 7	Lisa Gannan writes unusually sad verses that evoke death	It is a trivial causality, due to a moment of "black humor"

 8	Malcom Baker enters the house of Thomas Gannan and kills six people	A case of Black chronicle how so many happen

 9	Lisa Gannan writes unusually sad verses that evoke death	According to what will happen shortly, we consider the fact as a premonition
	Malcom Baker enters the house of Thomas Gannan and kills six people	This event confirms Lisa Gannan's premonition

Slika 7 Lisa Gannan piše nenavadno žalostne vrstice o smrti. To je lahko posledica trenutka negativnega razpoloženja.

Lisa piše verze, kot je včasih. To se ne bi smelo zdeti nenavadno. Nenavadno je le, da uporablja še posebej pesimistične besede in koncepte.

Slika 8. Malcolm Baker vstopi v dom Thomasa Gannana in ubije šest ljudi.

To je običajen primer novic o zločinih. Veliko podobnih primerov se zgodi. Pokol, ki ga je povzročil Malcom Baker, med katerim ubije tudi lastnega sina, je del zločinske zgodbe.

Slika 9 Glede na to, kaj se bo kmalu zgodilo, to dejstvo obravnavamo kot vizijo prihodnosti. Malcolm Baker vstopi v hišo Thomasa Gannana in ubije šest ljudi.

To je običajen primer novic o zločinih. Veliko podobnih primerov se zgodi. Pokol, ki ga je povzročil Malcom Baker, je del poročila o zločinu.

Vendar pokol potrjuje negativno stališče Lise Gannan. Če dve dejstvi upoštevamo skupaj, postane pesem, ki jo je napisala Lisa, napoved prihodnosti. Pokol predstavlja potrditev Lisine napovedi.

Oglejmo si sliko 10. Predstavlja hipotezo, ki se nanaša na teorijo, ki jo je izdelal Carl Jung. Očitno gre za poenostavljeno rekonstrukcijo. Ta rekonstrukcija je namenjena razumevanju vključenosti različnih slojev zavesti.

Točka 1. Osebna podzavest Malcolma Bakerja "nabrekne" z morilskim namenom. Morda ga Malcolm v svojem zavestnem delu še ne zazna. Vendar se v podzavesti, ki je sedež prvinskih nagonov in čustev, krepi volja do ubijanja. To ustvarja "polje napetosti", ki škoduje harmoniji njegove psihe.

Točka 2. Napetost se dvigne v kolektivno podzavest in vznemirja
"prvinski psihični koncept ali" arhetip "umora.

Točka 3. Navdušenje ustvarja "polje trpljenja" med arhetipom umora in arhetipom "strahu pred smrtjo". Slednji ustvarja "energijsko polje". Iz "energijskega polja" prihajajo informacije, ki alarm sporočajo Lisini osebni podzavesti.

Točka 4. Lisina osebna podzavest obdeluje informacije z orodji, ki jih ima. Cilj je, da so informacije čim bolj razumljive za Lisino zavest. Eno orodje, ki je prisotno v podzavesti Lise, je nagnjenost k pisanju pesniških verzov. Informacije, prejete od kolektivne podzavesti, se obdelujejo s tem orodjem.

Točka 5. Informacije, ki prihajajo iz kolektivne podzavesti, so na vest mlade Lise izražene s pisanjem verzov. Na žalost pa Lisa ne razume tragičnega pomena tega, kar je napisala. Opaža le, da so se vrstice "rodile v njegovih mislih".

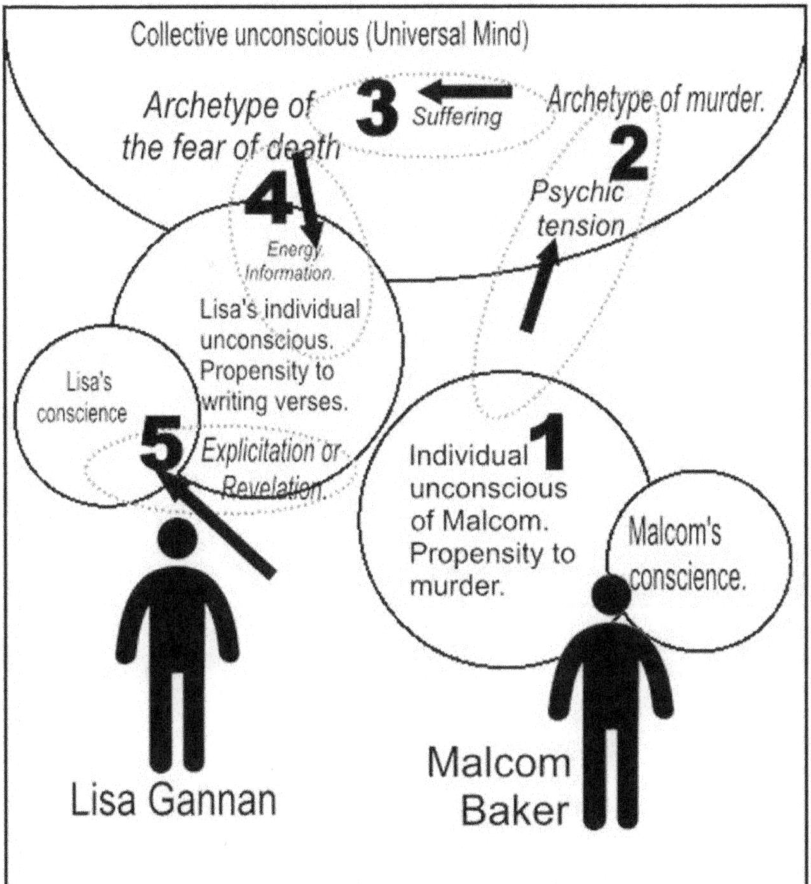

Hypothesis on the formation of synchronicity in the case of Lisa Gannan.

Slika 10. Hipoteza o nastanku "sinhronosti" v primeru Lise Gannan.

1 Malcolm Bakerjeva vest. Osebna podzavest Malcolma Bakerja. Nagnjenost k umoru.

2 Napetost se pojavlja v "prvinskem psihičnem konceptu ali" arhetipu "umora.

3 "Trpljenje" se rodi v arhetipu "strahu pred smrtjo".

4 Osebna podzavest Lise Gannan. Nagnjenost k poeziji.

5 Lisa Gannan s tragično pesmijo izraža informacije, ki so iz kolektivne podzavesti prešle v njeno individualno podzavest.

"Polja psihične sile" in spremenjena resničnost.

Pomembno je omeniti, da smo z izrazom "polje" že večkrat označili "polje napetosti", "polje trpljenja" in "informacijsko polje". V naslednjih poglavjih se bomo obsežno vrnili k pojmu "polje".

Druga pomembna stvar je tisto, čemur lahko rečemo "preobrazba". To je sprememba, ki jo je sinhronični dogodek prinesel Lisi. Deklica sončnega in radostnega značaja je napisala globoko žalostne verze. Epizode sinhronosti lahko povzročijo "preobrazbo", ker "polje sile", ki prihaja iz kolektivne podzavesti, vsebuje tako informacije kot energijo.

Sinhronost v primeru pevcev zborov, ki jih je rešila cerkvena eksplozija.

V primeru eksplozije zahodne baptistične cerkve je sinhronost ustvarila veliko bolj očitno preobrazbo. Pravzaprav je v tem primeru sinhronost "fizično" spremenila resničnost. Pravzaprav so se zgodili nepredvideni dogodki, ki so povzročili zamude pri prihodu petnajstih pevcev. .

Tudi v tem primeru, če enega za drugim preučimo razloge za zamude, lahko vidimo, da gre za trivialne primere. Vsi so podobni tistim, ki bi se lahko zgodili vsakomur. Slika 12 prikazuje nekatere od njih.

Te zamude nimajo nič skupnega z eksplozijo, ki se bo zgodila šele kasneje. Na sliki 11 je eksplozija cerkve predstavljena sama po sebi, brez kakršne koli vzročne zveze z zamudami glasbenikov.

	At 7.30 pm the singing tests must begin. At 7.27 the church explodes.	It is a trivial accident due to a gas leak.

Slika 11. Začetek vaj zborovskega petja je predviden za 19.30. Vendar ob 19.27 cerkev eksplodira. To je nepomembna nesreča zaradi puščanja plina. Tako eksplozija ni nič drugega kot očitna posledica tehnične nesreče.

 1	Pastor Walter Kiempel, his wife and daughter are delayed to iron a dress.	It's a simple delay as it can happen at all.
 2	Harvey Ahl delays because he has to look after his two children.	It's a simple delay as it can happen at all.
 3	Ladona Vandergrift, Royena Estes and Sadle Esh are delayed due to car problems.	It's a simple delay as it can happen at all.
 4	Joyce Black delays because is afraid of Cold	It's a simple delay as it can happen at all.
 5	All the other Choristas...... delay for trivial randomness	

Slika 12. Slika prikazuje nekatere zamude glasbenikov. Vsako zamudo, ki jo obravnavamo posamično, lahko štejemo za trivialno naključje.

1 Pastor Walter Kempel pride pozno, ker želi njegova žena obleko likati.

2 Harvey Ahl pride pozno, ker mora skrbeti za svoja dva otroka.

3 Ladona Vandergrift in njeni prijatelji pridejo pozno, ker ima njihov avto mehanske težave.

4 Joyce Black zaradi poznih hladnih temperatur prispe pozno.

5 Vsi glasbeniki zamujajo iz nepomembnih razlogov.

	Pastor Walter Kiempel, wife and daughter slow down.	Since all delay it is a SIGNIFICANT COINCIDENCE
	Harvey Ahl delays.	Since all delay it is a SIGNIFICANT COINCIDENCE
	Ladona Vandergrift, Royena Estes and Sadle Esh delay.	Since all delay it is a SIGNIFICANT COINCIDENCE
	Joyce Black delays.	Since all delay it is a SIGNIFICANT COINCIDENCE
	Herb Kipf and Aunt Ester delay.	Since all delay it is a SIGNIFICANT COINCIDENCE
	Dorothy Wood and Lucille Jones delay.	Since all delay it is a SIGNIFICANT COINCIDENCE
	Leonard Schuster delays.	Since all delay it is a SIGNIFICANT COINCIDENCE
	Mrs. Paul and her daughter Marylin are delaying.	Since all delay it is a SIGNIFICANT COINCIDENCE
	At 7.30 pm singing rehearsals must begin. At 7.27 pm a church explodes.	All these coincidences indicate that a synchronicity has occurred.

Slika 13 Petje vaje so sklicane ob 19.30. Ob 19.27 cerkev eksplodira.

Vsi glasbeniki prispejo pozno. Zamuda VSEH petnajstih ljudi je popolnoma izjemen dogodek. Tako niz zamud postane "pomembno naključje".

Pomen naključja izhaja iz dejstva, da so zamude nastale skupaj na povsem nenavaden način. Ker je vsota zamud nastala tik pred eksplozijo in je določila varnost petnajstih glasbenikov, sklepamo, da gre za "sinhronost Carla Junga".

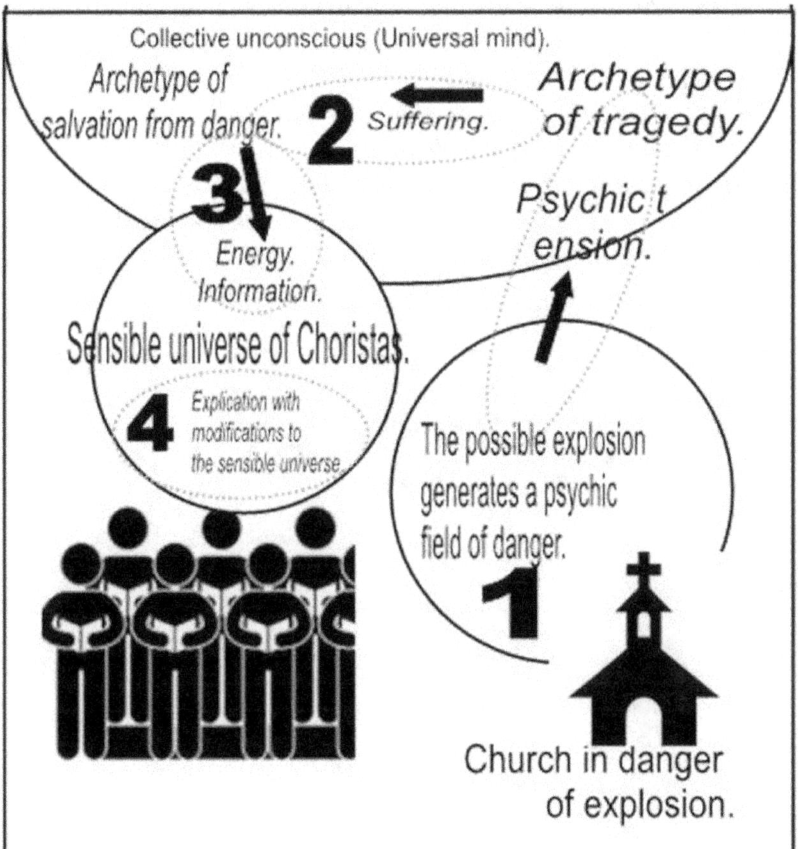

Hypothesis on the formation of synchronicity in the case of the fifteen choristers.

Slika 14. Poenostavljena hipoteza o oblikovanju sinhronosti v primeru eksplozije zahodne baptistične cerkve.

1 Cerkev bo kmalu eksplodirala. Možna eksplozija ustvari "psihično polje nevarnosti".

2 V kolektivni podzavesti se pojavi "trpljenje".

3 "Trpljenje", rojeno v kolektivni podzavesti, ustvarja pretok energije in informacij, usmerjene v osebno podzavest glasbenikov.

. 4 Energija in informacije pretakata iz kolektivne podzavesti in ustvarjata "fizično preobrazbo" v občutljivem vesolju zborcev. Vse se uresniči v ustvarjanju na videz nepomembnih zamud.

Če pa upoštevamo, da je vseh petnajst zborovodk zabeležilo zamudo (kar je povsem nenavadno, saj so bili običajno vsi pravočasno), ugotovimo, da to ni več preprost primer.
Naključje petnajstih zamud se je zgodilo v trenutku, ko bo cerkev kmalu eksplodirala, postalo pomembno in nedvomno nam omogoča, da opazimo dogodek sinhronosti. (Glej sliko 13)
Tudi v tem primeru lahko na sliki 14 (na povsem ilustrativen način) rekonstruiramo odlomke, ki pojasnjujejo nastanek dogodka sinhronosti.

Točka 1. Cerkev bo kmalu eksplodirala. To ustvarja "napetostno polje", ki vključuje "arhetip tragedije" v kolektivni podzavesti.
V naši fizični realnosti eksplozija še ni prišla, je pa že prisotna v nefizični resničnosti kolektivne podzavesti. Pravzaprav v tej psihični resničnosti ni omejitev, povezanih s časom in prostorom

Točka 2. V kolektivni podzavesti "arhetip tragedije" ustvarja "polje trpljenja".

Točka 3. V kolektivni podzavesti obstaja "polje sile", ki teče proti fizičnemu vesolju petnajstih koristov. To "polje sile" ne vsebuje le informacij, temveč tudi energijo. Dejansko vsa "polja psihične sile" vsebujejo energijo in informacije.

Točka 4. "Polje psihične sile" se kaže v fizičnem vesolju zborovodov in ustvarja nekaj sprememb v njihovem resničnem položaju. Polje v vsaki osebni situaciji povzroči "nesrečo", ki povzroči zamudo in spremeni večerne dogodke.

Nenavadno je opazovati te preobrazbe zaznanega občutljivega vesolja. Jung jih opredeli kot "numinozne". Izraz "numinozni" Jung uporablja kot "sveto, a ne religiozno." Ta izraz lahko pomeni "obkrožen z auro svetosti", na primer za vzbujanje "strahu in spoštovanja". Spomnimo se lahko nekaj primerov, ki jih je Carl Jung navedel v svojih delih. Ti primeri vključujejo fizično preobrazbo resničnosti, ki se dogaja med epizodami sinhronosti..

Ko se realnost fizično spremeni.

Epizoda, imenovana "skarabej", je zagotovo klasika serije, ki jo v svojih spisih navaja Carl Jung. . Jung v svojem eseju "Sinhronost kot načelo nenavadnih povezav", objavljenem leta 1952, dogodek opisuje na naslednji način:

> "A young woman I was treating had, at a critical moment, a dream in which she was given a golden scarab. While she was telling me this dream, I sat with my back to the closed window. Suddenly I heard a noise behind me, like a gentle tapping. I turned round and saw a flying insect knocking against the window-pane from the outside. I opened the window and caught the creature in the air as it flew in. It was the nearest analogy to a golden scarab one finds in our latitudes, a scarabaeid beetle, the common rose-chafer

(Cetonia aurata), which, contrary to its usual habits had evidently felt the urge to get into a dark room at this particular moment. I must admit that nothing like it ever happened to me before or since."

»Mlada bolnica je v odločilnem trenutku zdravljenja sanjala sanje. V sanjah je ženska v dar prejela zlatega skarabeja. Medtem ko mi je ženska pripovedovala te sanje, sem sedel s hrbtom do zaprtega okna.
Naenkrat sem za seboj zaslišal hrup, kot da nekaj tiho trka ob okno. Obrnil sem se in zagledal krilato žuželko, ki je od zunaj trčila v okno.
Odprl sem okno in ujel žuželko. Zelo podoben je bil "zlati hrošč" ali "Cetonia aurata", navadni hrošč, ki živi na rastlinah vrtnic.
Očitno je takrat žuželka v nasprotju s svojimi navadami poskušala vstopiti v temno sobo. Moram dodati, da se mi tak primer še nikoli ni zgodil, pa tudi meni se ne. Tudi ženske sanje se po mojih izkušnjah ne ponovijo. "

V nadaljevanju svojega eseja Jung psihoterapevtsko pojasni dogodek in opiše, kako se je epizoda izkazala za učinkovito pri bolnikovem okrevanju. Pravzaprav je skarabej klasičen simbol ponovnega rojstva.

Ob drugi priložnosti je v pismu, napisanem leta 1945 in naslovljenem na prof. J.B. Rhine of Durham, ZDA, Carl Jung opisuje podobno epizodo:

"I'm going to walk in the woods with a patient. She tells me the first dream of her life, a dream that left an indelible impression on her. He had a vision of a fox. He had dreamed of the animal as he walked down the stairs of her parents' house.
At that moment, not even forty meters from us, a fox comes out of the trees and runs for a couple of minutes on the path ahead of us. The animal behaves as if it shared our human condition ... "

»Grem na sprehod po gozdu in spremljam žensko, ki je bila moja pacientka. Ženska mi pripoveduje o prvih sanjah v življenju, saj so te sanje nanjo pustile neizbrisen vtis. V sanjah je ženska videla lisico, ki se je spuščala po stopnicah hiše staršev.
V tistem trenutku, približno štirideset metrov pred nami, iz dreves izstopi lisica in nekaj minut mirno teče po poti pred nami. Žival se obnaša, kot da deli naše človeško stanje..."

Zastaviti si moramo nekaj vprašanj:
- Je bila "Cetonia aurata" tam, pripravljena udariti v okensko steklo, ko je ženska govorila o skarabeju, ki je bil viden v sanjah?
- Je bila lisica tam, pripravljena priti pred Junga in njegovo pacientko, medtem ko je ženska pripovedovala svoje sanje?

V obeh primerih je zgodba o sanjah ustvarila "psihično sinhronost", ki je spremenila fizično resničnost ženske in samega Junga.

Jung in njegovi bolniki na zdravljenju so zagotovo doživljali trenutke patosa. Bili so globoko poglobljeni v pripoved, kontekst intervjuja pa je okrepil resnično duševno trpljenje pacientov.

Ta položaj je v primerih, ki jih pripoveduje Jung, ustvaril "napetostno polje", ki lahko povzroči sinhronost.

Glede tega, ali sta bili lisica in Cetonia resnično na sceni ob pravem času, lahko razmislimo o zelo drzni teoriji. Ta teorija trdi, da je v obeh primerih sinhronost lahko prenesla sceno v drugo vesolje in jo izbrala med neskončnimi možnimi vesolji. Še eno vesolje, kjer sta bili res prisotni lisica in Cetonija.

Sinhronost kot sredstvo preobrazbe resničnosti.

Po Jungu sinhronost deluje prek "prvotnih psihičnih konceptov" ali "arhetipov", ki so prisotni v kolektivni podzavesti. Prej sem že pisal, da je Jungova kolektivna podzavest še en način definiranja "višje psihične resničnosti", ki so jo že od antičnih časov imenovali "Duša sveta". Na teh straneh smo ga poimenovali tudi "Univerzalni um".

V podporo Jungovi teoriji lahko vidimo, kako so vse "esence", ki se nanašajo na "Dušo sveta", nosilci preobrazbe. Vsak odnos človeka z "Dušo sveta" ali kakorkoli že želite temu reči, vključuje spremembe na psihični in pogosto tudi na fizični ravni

Fizična preobrazba. Molitev in zdravljenje.

Če želim predstaviti vsem razumljiv primer preobrazbe na fizični ravni, se lahko sklicujem na molitve, naslovljene na božanstva, da bi dobili ozdravitev bolnih. Ali pa molitve ponavadi pridobijo milosti drugih vrst, na primer ekonomske ali sentimentalne, kar pogosto daje presenetljive rezultate.

Vsako fizično zdravljenje lahko štejemo za sinhronost, ki izhaja iz dveh nepovezanih dejstev v času in prostoru. Deja sta molitva nekoga, ki se nahaja kjer koli v vesolju, in zdravljenje nekoga drugega, ki se pogosto nahaja na drugem mestu na svetu. Očitno je, da vsako fizično zdravljenje vključuje izboljšanje zdravja, ki je pogosto pomembno.

Po teoriji kolektivne podzavesti lahko sinhronost obravnavamo kot "most" med željami, ki jih izražajo posamezne vesti, in višjo stopnjo "Duše sveta", iz katere nato "milosti" izvirajo.

Očitno pri tistih, ki Dušo sveta poistovetijo z "Bogom", milosti izvirajo od Boga, a teologija nas uči, da Bog pri svojih posegih vedno raje uporablja naravna sredstva. Gre za uporabo možnosti, ki so že prisotne v stvarstvu, ne da bi se zatekli k nadnaravnim sredstvom.

V zvezi s tem beremo odlomek iz pridige župnika Marca deFeliceja z naslovom "Bog počne nemogoče stvari", ki se nanaša na "Apostolska dela". Pastor komentira Petrovo izpustitev iz zapora, kjer je bil po Herodovem ukazu zaprt:

> "Suddenly an angel of the Lord appeared and a light shone in the cell. He struck Peter on the side and woke him up. "Quick, get up!" he said, and the chains fell off Peter's wrists" (Acts, 12:7).
> One thing that strikes me about this passage is that the angel tells Peter to hurry. Although God is omnipotent, and can do anything, Peter had to hurry. Certainly, God could have made the guards fall asleep, or even die, giving Peter time to go out calmly. But usually God does not miraculously do what can be done with the natural means that God has already provided".

"In glej, prišel je Gospodov angel in v celici je zasvetila luč. Angel se je dotaknil Petrove strani, ga zbudil in mu rekel:" Hitro vstani! ". In Petru so verige padle iz rok." (Dejanja 12,7).

Ena stvar me prizadene pri tem delu. Angel pove Petru, naj pohiti. Bog je vsemogočen in lahko naredi vse, toda Peter mora pohiteti. Če je Bog hotel, je lahko uspaval stražarje, da je Peter lahko mirno šel ven. Toda Bog ponavadi ne dela čudežev, kadar je mogoče nekaj narediti z naravnimi sredstvi, ki jih je Bog že zagotovil. "

Konec koncev, ko se človek obrne k veri, da bi jo prosil za ozdravitev, mu vsak duhovnik svetuje, naj se najprej posvetuje z dobrim zdravnikom.

Očitno fizična ozdravljenja niso edina preobrazba fizične realnosti, ki jo povzroči dogodek sinhronosti. Kot je opisano v številnih prejšnjih primerih, ni nobenih omejitev za spremembe občutljivega vesolja, ki jih omogoča sinhronost. Med te lahko zagotovo uvrstimo vse pojave telekineze, torej duševnega upravljanja trdne snovi.

"Želja" in "namen".

Zato sinhronost pogosto pomaga pri pozitivni rešitvi človekovih potreb. Sinhronizem lahko na primer izpolni željo bolnika po ozdravljenju.

Natančnejša beseda za izražanje pojma "želja" je "namera". "Namera" je koncept, ki ga uporablja Jung. V zadnjem času Deepak Chopra uporablja ta koncept v svojih knjigah.

Chopra pravi, da vsako dejavnost v vesolju generira namen. V vedski tradiciji je namen "naravna moč", ker ohranja v ravnovesju vse elemente in sile, ki omogočajo razvoj vesolja.

V štirinajstih "Upanisadah" Ved, indijskih verskih in filozofskih besedilih, ki so nastala v sanskrtu od 9. do 8. stoletja pred našim štetjem, piše:

"You are what your deep, driving desire is.
As your desire is,
so is your will.
As your will is,
so is your deed.
As your deed is,
so is your destiny".
(Brhadaranyaka Upanisad, IV, 4,5)

»Ste tisto, kar je vaša najgloblja želja.
Kakor je vaša želja, takšen je tudi vaš namen.
Kakor je vaš namen, takšna je tudi vaša volja.
Kakor je vaša volja, takšna so tudi vaša dejanja.
Kakor so vaša dejanja, takšna je tudi vaša usoda «.
(Brhadaranyaka Upanisad, IV, 4,5)

Zakaj se to ne zgodi vedno?

Številni so poskušali v laboratoriju z znanstvenimi metodami raziskati pojav "psihične sinhronosti", vendar se ta pojav vedno izkaže za nedosegljivega.
Laboratorijska potrditev napoveduje, da se pojav v določenih pogojih pojavlja običajno, to pomeni, da ga je mogoče večkrat reproducirati s stopnjo uspešnosti, višjo od predvidljivega statističnega povprečja.

Slika 15. Statistično oceno rezultatov lahko dobimo z obračanjem kovanca. Če kovanec velikokrat obrnete, se v obeh straneh kovanca pojavi v 50% primerov..

Predlagam primer. Če obrnem kovanec, je lahko rezultat "glave ali repi". Torej, vržem kovanec v zrak in poskušam uganiti rezultat. Seveda en zvitek ni dovolj za sestavljanje statistike.

Če kovanec večkrat vržem v zrak, recimo 10.000-krat, mi statistika pove, kolikokrat lahko uganim rezultat. Glede na statistiko lahko ugibam 50% časa, to je 5000-krat.

Če po drugi strani lahko natančno 6000-krat predvidim rezultat, predvidevam, da imam morda neko posebno psihično sposobnost. Iz nerazložljivih razlogov rezultate poznam vnaprej. Poznam jih v večji meri kot statistično povprečje.

Če rezultate napovem 9000-krat, sem prepričan, da imam posebne moči.

Recimo, da rezultat predvidevam 10.000 krat od 10.000. V tem primeru bodo vsi prepričani, da imam moč napovedovati prihodnost.

Seveda bodo ortodoksni znanstveniki rekli, da ulov obstaja, saj na ta način ni mogoče napovedati prihodnosti.

Čustvena vpletenost.

Glavni razlog, zakaj se "sinhronost" ne pojavi vedno, je pomanjkanje temeljnega elementa.

Ta element se imenuje "čustva". Potrebna je čustvena vpletenost. Jung trdi, da je potrebna komponenta, imenovana "naklonjenost".

Epizode "sinhronosti" se kažejo bolj v najbolj kritičnih trenutkih našega življenja. Običajno naša vest drži našo psihično situacijo pod nadzorom. Zavestni del naše psihe ne želi, da bi naša "individualna podzavest" prevzela nadzor nad našo voljo.

Recimo, da običajno ne želimo skakati v temi. Zato naša zavest zadržuje ali filtrira vse impulze iz naše "osebne podzavesti" in "kolektivne podzavesti". Običajno so ti vzgibi simbolični ali iracionalni in naša vest jih zavrača.

Včasih pa so v življenju težki trenutki. Ob teh priložnostih smo zmedeni, pogosto smo šokirani. Te težave oslabijo sposobnost obvladovanja vesti. Ko dogodki postanejo preveč pereči, se prepustimo usodi. Jung ugotavlja, da v teh primerih "naklonjenost" prevlada nad "razumom":

"Each emotional state causes a modification of the conscience, modification which Pierre Janet defined as "abaissement due nivea mentale": which means that a certain shrinking of the subconscious takes place and at the same time a strenghtening of the conscience, as many profanes in the subject can easily note, especially in the presence of intense beloved ones. The tone of the subconscious increases to a certain measure, which easily provokes a gradient from the subconscious to the conscience. As a consequence, the conscience falls under the influence of impulses and instictive contained contents".

»Vsako čustveno stanje povzroči spremembo zavesti. Pierre Janet je to spremembo poimenoval "abaissement du niveau mental". To pomeni, da gre za določeno zožitev zavesti in hkrati krepitev nezavednega. Vsakdo lahko

prepozna, da se to zgodi, še posebej ob prisotnosti močnih "afektov". Posledično vest postane plen nagonskih podzavestnih vzgibov. ".

Carl Jung za potrditev te teze navaja filozofa Alberta Velikega. Pravzaprav Albert Veliki v svojem delu "De mirabilibus mundi" trdi, da "virtus" obstaja v človeški duši. To je lastnost spreminjanja stvari. Ne smemo pozabiti, da se Albert Veliki sklicuje na delo "Naturalia" filozofa Avicenne.

Virtus pogojuje celotno osebnost, zlasti kadar prevlada presežek ljubezni ali sovraštva.

"If, therefore, the soul of a man falls prey to a great excess of some passion, it can be established experimentally that it (the excess) magically constrains things and changes them in the direction towards which excess tends. [...] really the emotionality (affectio) of the human soul is the main root of all things.
This happens when, due to its emotional power, it modifies the things to which it tends. This also happens because the inferior things are subject to the soul, because of its dignity. So anyone can magically influence everything, if it falls prey to a great emotional excess. "

"Včasih človekova duša postane plen velikega presežka strasti. Ko se to zgodi, je mogoče eksperimentalno ugotoviti, da ta presežek "naklonjenosti" čarobno deluje na "stvari". Dogodki te osebe se spremenijo v smer, v katero teži presežek. [...]
Čustvenost, torej »naklonjenost« človeške duše je glavni koren vseh stvari. Kdor želi vedeti to

skrivnost, mora vedeti nekaj pomembnega. Vsakdo lahko skoraj "čarobno" vpliva na vse, če postane plen velikega čustvenega presežka..."

Sinhronosti se pojavijo, kadar gre za čustveno vpletenost. To potrjuje dejstvo, da so zunajčutni pojavi, kot je telepatija, pogostejši med ljudmi, ki jih povezuje prijateljstvo ali sorodstvo. Največ je zabeleženo v odnosih med materami in otroki.

Teorija šibkega signala.

Prej smo se spraševali, zakaj je Lisa Gannan sprejela slutnjo, druge žrtve pa ne. Odgovorili smo, da so verjetno tudi drugi prejemali signale, vendar jih niso prepoznali.

V parapsihologiji se sklicuje na "teorijo šibkega signala". Verjetno ni nobene harmonije med virom signala in našo "psihično sprejemno napravo".

Vsi vemo, da lahko s prilagoditvijo nastavitve radijske naprave sprejemamo neznane radijske postaje. Enako se dogaja v naši zavesti. Lahko bi se povezali s številnimi "informacijskimi postajami", če bi se znali prilagoditi njihovi valovni dolžini.

Četrti del. Polja sile. Stopnja nelokalnosti. Psihični kozmos.

"I know not what I may seem to the world, but as to myself, I seem to have been only like a boy playing on the sea-shore and diverting myself in now and then finding a smoother pebble or a prettier shell than ordinary, whilst the great ocean of truth lay all undiscovered before me".
(Isaac Newton, Principia)

"Kar se mene tiče, se počutim kot otrok, ki se igra na plaži. Občasno sem našel kamen ali školjko lepši kot običajno. Medtem ko se to zgodi, velik ocean resnice ostaja pred mano neznan."
(Isaac Newton, Principia)

Materija, "um" in duh.

Vsak človek ve, da živi v svetu, ki ga obdaja in na nek način pogojuje njihov obstoj. Vsakdo se pred ali po tem vpraša, kaj je razlog za njegovo prisotnost na tem svetu.

Glavna vprašanja so: Zakaj obstajam? Kaj počnem tukaj? Kako naj sodelujem v odlični igri življenja, šaljivi ali tragični?

Na ta vprašanja ni enostavno odgovoriti. Izberemo lahko izhodišče. Ena metoda je sestavljena iz konfiguracije treh ravni, v katerih se razvija naš obstoj. Poleg fizične ravni, ki jo vsi poznamo, moramo ovrednotiti tudi kvantno raven in tako imenovano "nelokalnost".

Fizična raven obstoja.

Fizična raven je raven trdne snovi. To je tipična raven naše vsakodnevne izkušnje, torej sveta, kakršnega vidimo, in tega, kako ga doživljamo s čutili.

Na fizični ravni se počutimo varne, saj imajo vse "stvari" težo in dimenzijo, začetek in konec, prej in pozneje. Vse stvari imajo natančno lokacijo v času in prostoru.

Vsi pojavi, povezani z našimi izkušnjami, so del fizične ravni. Na primer dan in noč, dobro in slabo vreme, rojstvo in smrt vsake "stvari", menjava letnih časov, fizični občutki, kot so lakota, žeja, bolečina in užitek.

Fizični svet je "mehaničen". V fizičnem svetu je vse odvisno od zakonov "determinizma". Vse se zgodi z razlogom in povzroči učinek. Dogodki si sledijo.

Ustvarjeni dogodki imajo predvidljivo in merljivo vedenje. Po drugi strani pa povzročajo druge predvidljive in merljive dogodke.

Leta 1977 so ZDA izstrelile dve sondi "Voyager" za raziskovanje zunanjega sončnega sistema. Vesoljsko plovilo "Voyager 2" je lahko opazovalo Jupiter, Saturn, Uran in Neptun.

Ko je minila mimo vsakega planeta, je sonda dobila potisk od gravitacije tega planeta, da je nadaljevala pot do naslednjega planeta.

To je bilo zato, ker so na zemlji znanstveniki natančno vedeli, kako izračunati silo gravitacije različnih planetov.

Na ta način je bilo mogoče natančno izračunati sile potiska, potrebne za nadaljevanje poti do naslednjih ciljev.

Leta 1950 je matematik Alan Turing v svoji knjigi "Računalniški stroji in inteligenca" zapisal:

> "The displacement of a single electron by a billionth of a centimeter at a given moment, it could mean the difference between two very different events, such as the killing of a man a year after, due to an avalanche, or its salvation".

"Predstavljajmo si, da se v določenem trenutku en sam elektron premakne za milijarditi del palca. To lahko pomeni razliko med dvema zelo različnima dogodkoma. Na primer, naslednje leto bi lahko pomenilo smrt človeka zaradi

plazu. Ali pa lahko pomeni odrešenje istega človeka "

Predstavljajmo si mizo za biljard z vrsto žog za biljard, razporejenih na preprogi. (Glej sliko 16). Na fizičnem nivoju smo popolnoma prepričani, da se nobena krogla ne bo premaknila, če je ne potisne drug trdni predmet.

Na sliki bo žoga B ostala v mirovanju, dokler je ne zadene žoga A. Ker poznamo moč in smer krogle A ter težo ostalih kroglic, lahko z absolutno natančnostjo izračunamo silo, s katero se bo krogla B gibala.

Vedeli bomo dolžino in smer njene poti.

Ti izračuni ne zahtevajo zmogljivih računalnikov. Vsak dober igralec lahko te izračune opravi brez kakršne koli tehnološke podpore. To pomeni, da smo popolnoma prilagojeni našemu fizičnemu vesolju.

Leta 1972 je etolog Edward Lorentz predaval: "Če metulj v Braziliji pluje s krili, lahko v Teksasu povzroči tornado?"

V današnjem znanstvenem svetu, kjer je vse mogoče tehtati, meriti in računati, bi bil odgovor "da". Predvidevamo, da je naše vesolje samo iz snovi in je postavljeno v dimenzijo, kjer čas teče samo naprej. Zato bi lahko izračunali moč teksaškega tornada, če bi imeli dovolj zmogljive računalnike.

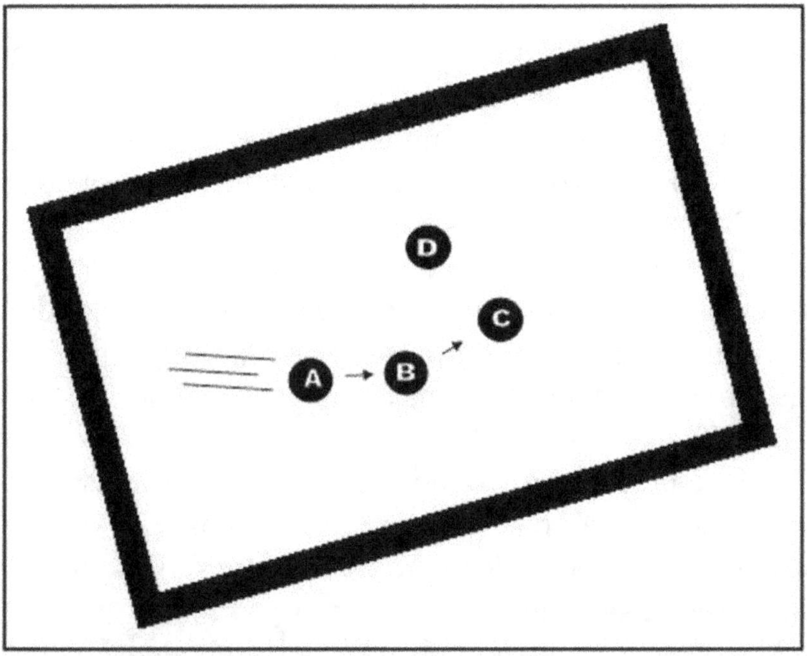

Slika 16. V biljardni mizi se nobena žoga ne premakne, če je ne potisnete. Ko se to zgodi, sta njegova moč in smer sorazmerna potisku, ki ga je prejela.

Kvantna raven.

Na tej ravni nobena "stvar" nima očitne vsebine, torej naših petih čutov ne more zaznati resničnosti. Z dotikom se ne moremo dotakniti realnosti kvantne ravni. Prav tako ne moremo "preizkusiti" njegove skladnosti. Podobno te resničnosti ne moremo videti, vohati ali okusiti.

Poleg tega ima kvantni svet "nefizični prostor", ki vsebuje ves nematerialni del nas samih. To je del, povezan z našimi mislimi, našimi upi, našimi željami. V bistvu je to vse, kar tvori naš "Ego" in naš "Self". (Glej sliko 17)

Ego se predstavlja v odnosu s seboj. Jaz se predstavlja v odnosu z vso resničnostjo, ki nas obkroža. Jaz je sestavljen iz nabora elementov, na katere se sklicujemo, da opišemo, kaj smo.

Vemo, da naše misli in občutki, duhovni odnosi, ki nas vežejo na druge, in naše ambicije niso "trdni", jih ne moremo držati v prstih.

Kljub temu ne dvomimo, da obstajajo. Vendar trdna snov ne bi mogla "biti", če je ne bi spodbujala energija in informacije, ki jih vsebuje kvantna raven.

Pravzaprav je snov sama po sebi Energija po Einsteinovi enačbi $E = mc^2$.

Ta enačba kaže, da je energija enaka masi, pomnoženi s hitrostjo svetlobe na kvadrat.

Vzajemno lahko rečemo, da tako kot je energija masa, tako tudi masa energija. V resnici vsa snov v vesolju izvira iz začetnega "velikega poka", velike eksplozije energije.

Slika 17. "Ego" predstavlja našo strogo osebno sfero. "Ego" je usmerjen navznoter. "Self", obrnjen navzven, predstavlja celoto nas samih v odnosu do vesolja, ki nas obdaja.

Slika 18. Vsak sistem, od največjega do najmanjšega, je sestavljen iz podsistemov. V fiziki delcev, torej v neskončno majhni, znanost ni prepričana, da je dosegla končno stopnjo delitve.

Ker maso vidimo, energije pa ne, smo vajeni verjeti, da je masa bolj pomembna. V resnici vesolje, sestavljeno samo iz mase, ne bi moglo delovati, ker je masa sama po sebi inertna.

Kot smo videli na primeru biljarda, se masa (žoga) lahko premika le, če prejme energijo potiska.

Hkrati lahko rečemo, da energija potrebuje maso, da se izrazi. Energija potrebuje sodelovanje trdne snovi, da pokaže svoj potencial.

Vesolje se giblje od neskončno velikega do neskončno majhnega. Naš občutljiv svet je sestavljen iz snovi, ki se združi v zelo majhne ali zelo velike "stvari". Vsaka "stvar" predstavlja kompleksen sistem, sestavljen iz podsistemov, torej manjših "stvari". (Glej sliko 18).

- Vesolje je sistem, ki ga sestavljajo podsistemi, galaksije.
- Galaksije so sestavljene iz zvezd in planetov.
- Planete sestavljajo kamnine, voda, minerali in živa bitja.
- Živa bitja so sestavljena iz organov (kože, kosti, drobovja itd.).
- Organi so narejeni iz celic.
- Celice so narejene iz molekul.
- Molekule so narejene iz atomov.
- Atomi so sestavljeni iz protonov, nevtronov in elektronov.

Pozitivistična znanost trdi, da je snov ne glede na stopnjo agregacije podvržena fizikalnim zakonom. Različni deli snovi lahko komunicirajo med seboj s pomočjo fizikalnih posrednikov, ki prenašajo energijo in informacije. Moč teh prenosnih orodij slabi z naraščajočo razdaljo. Poleg tega je za trdno snov čas v teku, ki gre le naprej.

Ko se trdna snov premika, ne more preseči svetlobne hitrosti. Tudi informacije, ki se širijo s fizičnimi posredniki, ne morejo preseči te hitrosti.

Če celica pošlje informacije v drugo celico, bo trajalo nekaj časa, da doseže svoj cilj. Njegova hitrost ne sme preseči meje 300.000 km na sekundo.

Pri predmetih, manjših od atoma, začenši z elektroni, se stvari spremenijo.

Z razgradnjo atoma najdemo "elementarne delce". Trenutno poznamo dve vrsti.

- "Snovni delci", tj. "Fermioni". To so kvarki, elektroni in nevtrini. Vsi so opremljeni z maso.
- "Sile delci", tj. Bozoni. Ti delci so nosilci temeljnih sil, ki obstajajo v naravi.

Bozone lahko razdelimo v dve skupini:

- Fotoni in gluoni, ki nimajo mase.
- Bozona W in Z, ki imata maso.

Na ravni osnovnih delcev so vsi fizikalni zakoni, ki urejajo trdno snov, neveljavni.

Na tej ravni smo lahko priča zelo čudnemu vedenju, kot bomo videli, ko bomo govorili o pojavu, imenovanem "kvantno zapletanje".

Pravzaprav niti ni mogoče ugotoviti, ali so osnovni delci res "delci" ali ne "vibracije".

Za primer si predstavljajmo, kako vržemo kamen v vodo ribnika. Kamen je podoben delcu. Valovi, ki

Slika 19. Osnovni delci plešejo ob zvoku inštrumentov, ki jih naša ušesa ne razumejo.

nastanejo na vodi, so val, to je "vibracija". Tudi svetloba, zvok in glasba so primeri vibrirajočih valov.

Zaključek je preprost: knjiga, ki jo berete, je v vaših rokah trdna in dosledna. Dejansko ga gledate z očmi, ki so zasnovane tako, da vidijo resničnost makroskopskega fizičnega sveta.

Če bi po drugi strani vašim očem omogočili ogled kvantnega sveta, bi se vam knjiga zdela kot splet vibracij. Vsaka črka ne bi ustrezala svojemu mestu na strani, lahko pa bi bila v neskončnih verjetnostnih položajih. Ta knjiga bi bila "nič", kar pleše v vesolju, sestavljenem iz vibracij. Verjetno ne bi razumeli, da je to knjiga.

Kot je dejal Nietsche, "tiste, ki so plesali, so tisti, ki niso mogli poslušati glasbe, imeli za nore." Na žalost naša ušesa niso narejena tako, da bi zaznavala glasbo, zaradi katere delci plešejo. (Glej sliko 19).

Svet na kvantni ravni ni sestavljen iz predmetov. Kvantna resničnost je sestavljena iz informacij in energije.

Na srečo naše oči za potrebe preživetja vidijo realnost na fizični ravni in ne na kvantni ravni. To ne pomeni, da kvantna resničnost ne obstaja. Ne samo, da je tam, ampak njegova prisotnost izjemno vpliva na nas.

Sami smo sestavljeni iz osnovnih delcev. Smo mešanica energije in informacij.

Na kvantni ravni ni omejitev prostora in časa. Smo vibracije in plešemo skupaj z vibracijami celotnega vesolja. Naša energija deli in si jo deli vsa energija vesolja.

Še posebej naša energija sodeluje pri "namerah" energije, ki vibrira okoli nas. Kolikokrat se nam je

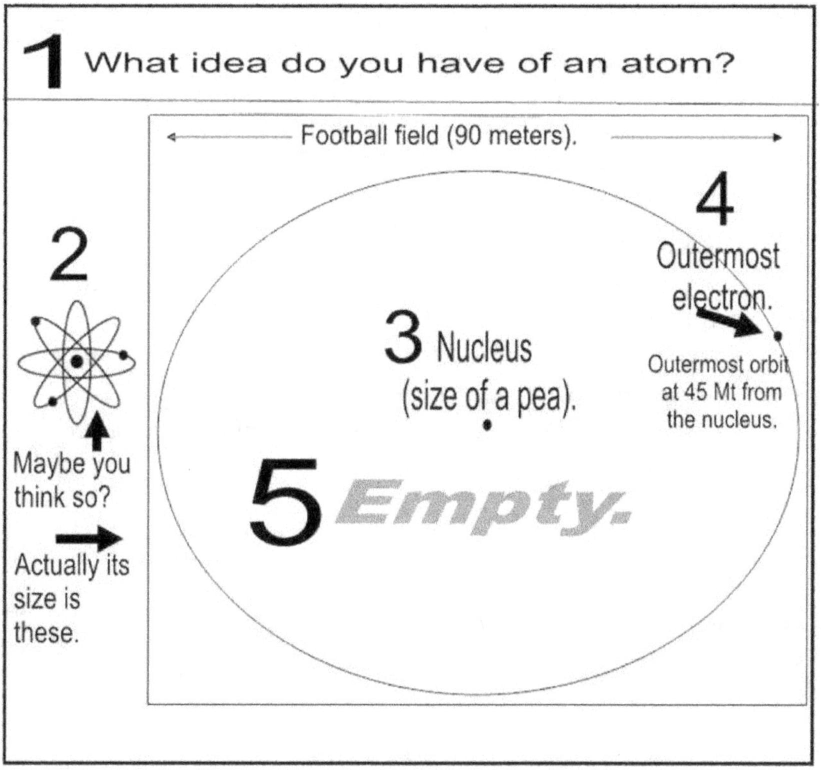
1 What idea do you have of an atom?
Football field (90 meters).
2
Maybe you think so?
Actually its size is these.
3 Nucleus (size of a pea).
4 Outermost electron.
Outermost orbit at 45 Mt from the nucleus.
5 Empty.

Slika 20. Predstavljajmo si, da je jedro atoma velikosti fižola. Postavimo jedro v sredino nogometnega igrišča. Najbolj zunanji elektron atoma bi se vrtel v orbiti, ki se nahaja na robu polja. Bila bi neskončno manjša od pikice prahu. Med elektroni in jedrom so neizmerni prostori iz "vakuuma".

1 - Kako si predstavljate, da gre za atom?

2 - Mogoče ga vidite v obliki frnikole, ki se vrti okoli jedra. Ta predstavitev je napačna.

3 - Predstavljajte si prostor v velikosti nogometnega igrišča Jedro atoma, velikosti fižola, je v središču polja.

4 - Najbolj zunanji elektron se vrti na skrajnih mejah polja.

5 - Vse ostalo je ... "PRAZNO".

zgodilo, da se v neki situaciji počutimo neprijetno, ne da bi vedeli, zakaj? Morda smo kasneje izvedeli, da so ostale ljudi, ki so bili tam, delili občutki sovraštva.

Če smo včasih na sestanku imeli občutke tipa "napetost je bila zelo velika", se je to zgodilo, ker so informacije "negativnega polja", v katerega smo vstopili, vplivale na naše "posamezno polje zavesti".

Na kvantni ravni se naše vibracije združijo z vibracijami okoliške resničnosti. Da bi razumeli, kako to počnejo, si poskusimo predstavljati atom. Upoštevajte, da smo popolnoma narejeni iz atomov.

Kakšno idejo imate o velikosti atoma? Seveda ste vedeli, da je zelo majhen, vendar ste si predstavljali, da je tudi tako prazen, kot je opisano na sliki 20?

Predstavljajmo si atom z jedrom, ki je neizmerno večje od resničnosti. Naš namišljeni atom je velikosti fižola. Postavimo atom v središče nogometnega igrišča, ki, kot je znano, meri dolžino 90 metrov.

Naš atom bi lahko imel povprečno količino elektronov, recimo 10.

No, najbolj zunanji elektron našega atoma bi se vrtel na robu polja in bi bil neskončno manjši kot pik prahu. Preostalih devet elektronov bi se, tako kot druga prašna zrna, vrtelo v drugih položajih. V fizičnem prostoru tega atoma, velikosti nogometnega igrišča, bi bila vsa snov sestavljena iz enega fižola in desetih zrn prahu. Vse drugo bi bilo ogromno ... PRAZNO. Vsi atomi so taki. Kljub temu se nam zdijo trdni.

Ob upoštevanju tega lahko razumemo, kaj se zgodi, ko se dotaknemo trdnega predmeta. Naš vtis je, da ima

Non-Local
2
Collective unconscious
Universal Mind
Soul of the World
1
3
INTENTION.
Emotions.
Wishes.
Needs.
Synchronicity

Slika 21. Nelokalno raven je mogoče opredeliti na več načinov, odvisno od študij in kultur. Ta raven vsebuje vso energijo in vse informacije vesolja. Sami sodelujemo pri oblikovanju informacij, ki obstajajo na ne-lokalni ravni.

1. Nameni in čustva vsakega biološkega bitja se zlivajo v "kolektivni podzavesti".

2 V "kolektivni podzavesti" najdejo svoje mesto vse izkušnje človeštva.

3 Izkušnje človeštva, ki so si jih predstavljali v obliki "prvinskih psihičnih elementov" ali "arhetipov", tečejo v podzavest posameznikov v obliki "psihičnih sinhronosti".

predmet večjo ali manjšo "trdoto", to je, da se upira potisku našega dotika.

Namesto tega je to le naš občutek. Pravzaprav se atomi našega telesa in atomi predmeta mešajo. Na enak način bi se lahko pomešala dva oblaka, ki sta trčila na nebu, ali dva vdiha dima, ki izhajata iz dveh bližnjih dimnikov.

Mešanica ustvarja združitev in izmenjavo. Vibracije in informacije atomov našega telesa se širijo v telo predmeta, ki se ga dotaknemo, in obratno.

Na kvantni ravni poteka nenehna izmenjava informacij in energije med nami in predmeti okoli nas.

Na kvantni ravni ni več nobene individualnosti. Vse je "eno" in vse si deli "celoto".

"Ne-lokalna" raven.

Tretja stopnja obstoja je področje ne-lokalnega. Na tej ravni ni ne časa ne prostora. Ta raven se imenuje "ne-lokalna", ker je ni mogoče nikamor postaviti.

Niti v nebesih niti na zemlji ni. Ni v nas in ni zunaj nas. Preprosto obstaja "v sebi".

To je virtualno področje, ki ga lahko primerjamo z Jungovo "kolektivno podzavestjo". Na "ne-lokalni" ravni živijo vse informacije in energija, ki sestavljajo vesolje..

Slika 22. Na nelokalni ravni ni prostorskih in časovnih omejitev. Resničnost ni vezana na "zakone vzročnosti", ki prevladujejo na fizični ravni.

Ta raven je "polje" čistega potenciala. To je kraj, ki upravlja celotno vesolje, saj pozna celo vesolje. (Glej sliko 21). V vesolju ni informacij ali sile, ki ne bi temeljila na področju "ne-lokalnega".

Zato "ne-lokalna" raven vsebuje "projekt" in vso inteligenco vesolja. "Nelokalna" raven organizira in upravlja celotno vesolje, ustvarja in distribuira energijo, ki oblikuje fizični svet.

Kako sodelujemo pri tem projektu?

Preprosto smo del tega.

Energije, polja sil, vibracije, iz katerih smo sestavljeni, so sestavni del ravni "nelokalnosti".

Sodelujejo pri ustvarjanju in distribuciji energij vesolja. Nismo subjekti, ampak graditelji ne-lokalne resničnosti.

O nelokalni resničnosti ne moremo veliko opazovati. Morda bi bilo koristno omeniti Larryja Dosseyja, učenjaka, ki je na to temo izdal več knjig.

Po mnenju dr. Dosseyja lahko stopnjo nelokalnosti določimo s tremi značilnostmi.

Najprej tretji elementi ne posredujejo dogodkov, ki se zgodijo v ne-lokalnih. To pomeni, da jih vzročnost ne povezuje, ampak je vsak dogodek neodvisen od drugih. Vendar se lahko dogodki med seboj povezujejo in usklajujejo, tako kot dogodki, ki so del sinhronosti.

Poleg tega dogodki niso "oslabljeni" in so "neposredni". V nasprotju s tem, kar se dogaja na fizični ravni, sila dogodkov ostane enaka (ne zmanjša se) na nobeni razdalji. Moč se ne zmanjša niti zaradi vpliva prostora niti zaradi učinka časa.

Lahko si predstavljamo pogovor med dvema osebama. Ena oseba je pred tisočletji živela v Afriki. Druga oseba danes živi na Arktiki.

Intervju poteka tako, kot da sta oba soseda v času in prostoru .. Tiho se pogovarjata. Glas ne sme potovati v vesolju. Vse se zgodi v večnem "zdaj, skupaj". (Glej sliko 22).

Kako nam lahko vse to koristi? Zagotovo nam lahko pomaga razumeti številne pojave, na primer zunajčutne zaznave. Te pojave materialistična znanost ocenjuje kot nemogoče. Vendar so ti pojavi možni na kvantni ravni. Še bolj so mogoči na nelokalni ravni.

Polja sile.

Jungova "sinhronost" temelji na dogodkih, ki med seboj nimajo vzročne povezave. Vsak od dogodkov, ki tvorijo "sinhronost", nima vzročne zveze z drugimi. Edino, kar združuje te dogodke, je "pomen", ki ga imajo za opazovalca.

Posledično je sinhronost zunaj področja sodobne znanosti. Dejansko se znanost trenutno ukvarja samo z dogodki, ki imajo medsebojno zvezo, torej na podlagi načela vzrok / posledica.

Čeprav so drugi znanstveniki predlagali možnost obstoja drugih oblik povezav v vesolju, razen tistih, ki temeljijo na vzročnosti, so bile njihove ideje zavržene kot psevdoznanstvene in niso bile upoštevane.

Pred prihodom tako imenovane dobe "Âge des Lumières" so bili koncepti afinitete, harmonije in simpatije, ki so koristni za povezovanje delov resničnosti z nefizičnimi vezmi, imeli velik pomen.

S prihodom Âge des Lumières so bili ti odnosi popolnoma prezrti, dokler ni bilo ugotovljeno, da nevidne vezi in sile resnično obstajajo.

Najpomembnejše odkritje je bila privlačnost sile gravitacije. Zaradi znane anekdote o jabolku, ki mu je padla na glavo, je Newton izdelal tri zakone dinamike.

V skladu s prvim zakonom telo ostane mirujoče ali se premika pravokotno, dokler ne poseže sila, ki spremeni njegovo pot. Ta sila je gravitacija. Na primer, Luna bi se izgubila v vesolju, če je ne bi držala v svoji orbiti sila gravitacije, ki jo izvaja zemlja. Enako bi se zgodilo z zemljo, če ne bi bila izpostavljena gravitacijskemu vplivu sonca.

Po gravitaciji je bil na vrsti magnetizem, to je sila, ki izraža privlačnost ali odbojnost med dvema telesoma, obdarjenima z določenim električnim nabojem.

Teorijo je razvil Michael Faraday, ki je predlagal obstoj "silnic" med magnetom in privlačno kovino. Takrat je James Clerk Maxwell s svojimi enačbami dokazal, da so elektrika, magnetizem in svetloba manifestacije istega pojava: elektromagnetnega polja.

Od tega trenutka se je koncept polja vedno bolj pogosto uporabljal v fiziki. Vendar moramo poudariti, da se koncept ne uporablja samo v fiziki.

Koncept polja lahko razširimo na številne druge odnose tudi zunaj fizike, kot je prikazano na sliki 23. Za začetek je ta izraz vedno kazal na zemljišče v obdelavi, v smislu, da je polje kraj, kjer dogaja se kmetova akcija.

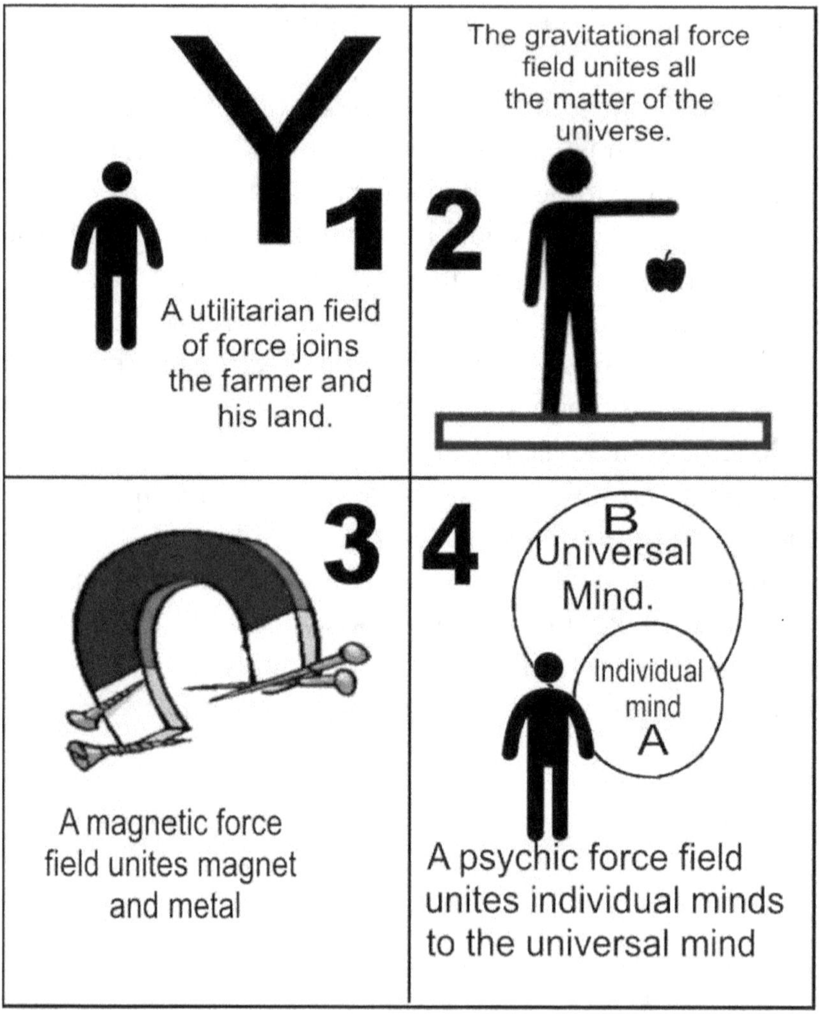
1
A utilitarian field of force joins the farmer and his land.
2
The gravitational force field unites all the matter of the universe.
3
A magnetic force field unites magnet and metal
4
B
Universal Mind.
Individual mind
A
A psychic force field unites individual minds to the universal mind

Slika 23. Prikaz različnih oblik koncepta polja sile.
1 Polje uporabne sile združi kmeta s svojo zemljo.
2 Polje gravitacijske sile združuje vso snov v vesolju.
3 Magnetno polje združi žeblje z magnetom.
4 Polje psihične sile združuje um vsakega posameznika z univerzalnim umom.

Za koncept polja lahko sprejmemo to opredelitev: "kraj, kjer se izvaja dejanje tistega, ki deluje". Potem lahko sklepamo, da je lahko delujoči "subjekt" kateri koli, na primer kmet ali fizični princip, kot sta gravitacija ali magnetizem. Lahko je tudi psihični princip, kot je sinhronost.

Med kmetom in njegovo zemljo se ustvari "utilitarno" polje sile. Ne vidimo je, vendar se zavedamo, da obstaja, ko vidimo sadove letine.

Med zemljo in luno se ustvari gravitacijsko polje sile. Ne vidimo ga, vendar se zavedamo, da obstaja, ker luna ne beži stran v kozmos, ampak se še naprej vrti okoli zemlje.

Med magnetom in kosom kovine se ustvari magnetno polje sile. Ne vidimo ga, vendar se zavedamo, da obstaja, ker kovino privlači magnet.

Med posameznikovo zavestjo in univerzalno zavestjo se ustvari polje psihične sile. Ne vidimo ga, vendar se zavedamo, da obstaja, ker se pojavijo nerazložljivi pojavi s trenutno znanimi fizikalnimi zakoni.

V jungovski psihoterapiji se pogosto uporablja izraz "arhetipsko polje". Razlika med psihičnim in fizičnim poljem je v tem, da so fizična polja dobro določljiva in umestljiva v vesolje ter obdarjena z lastno energijo.

Poleg tega fizična polja oddajajo signale, ki pri premikanju in prenašanju informacij ne smejo preseči svetlobne hitrosti.

Nasprotno pa so polja psihične sile nelokalna. Teh polj ni mogoče natančno umestiti v čas in prostor,

Psihična polja prenašajo informacije, ki nimajo omejitev hitrosti ali časa. Ta polja so hkrati prisotna v prostoru in času. Kot bomo videli kasneje, imajo kvantne lastnosti.

Gora prekletstva.

Ko so Izraelci pod vodstvom Jozue vstopili v obljubljeno deželo, so začeli osvajati z obleganjem in uničenjem vseh mest domačinov..

Ko je prišel do mesta Ai, je Joshua mislil, da je mesto premajhno, da bi lahko uporabili vso vojsko, in se odločil poslati nekaj vojakov. Toda prebivalci Aja so prišli iz obzidja in jih pobili.

V obupu je Joshua poiskal pomoč pri svojem Bogu Jaweju. Njegov bog mu je rekel, da je bil poraz posledica nezvestobe izraelskega ljudstva. Potem pa ga je potolažil in predlagal pravo strategijo za osvojitev mesta Ai.

Vsa Jozuetina vojska je šla blizu obzidja in se skrivala. Medtem je v napad začela majhna skupina vojakov. Prebivalci Aja so zapustili mesto in pregnali te vojake na podeželje, misleč ponoviti prejšnji uspeh.

To je omogočilo ostalim vojakom, ki so ostali skriti, da vstopijo in osvojijo brez obrambe mesto.

Z zmago je Jozue razumel, da bi vsaka neposlušnost povzročila poraz njegovemu ljudstvu, in ga spomnil na to, kar je Jaweh predpisal Mojzesova usta:

> "When the Lord your God has brought you into the land you are entering to possess, you are to proclaim on Mount Gerizim the blessings, and on Mount Ebal the curses." (*Deuteronomy 11:29*)

"Ko vas bo Gospod, vaš Bog, vodil v deželo, ki jo boste osvojili, boste vzklikali blagoslov na gori Gerizim in zaklicali boste prekletstvo na gori Ebal." (5. Mojzesova 11:29)

Obema gorama Garizim in Ebal se nahajata nasproti, v dolini Sichem, danes znani kot dolini Nablus. Gora Garizim, ki doseže 881 metrov, je trenutno znana kot Jebel at-Tur.

Gora Ebal je višja, 940 metrov, in ustreza sedanji Jebel Eslamiyeh.

Tako je Joshua v poslušnosti Jaweha organiziral epsko in grandiozno slovesnost. Vsi možje šestih izraelskih plemen, Ruben, Gad, Aser, Zebulun Dan in Neftali, so se povzpeli na goro Ebal, da bi oznanili kletve. Moški ostalih šestih plemen so se povzpeli na goro Gerizim, da bi oznanili blagoslov.

Vsi tisti, ki bodo od takrat naprej spoštovali Božjo postavo, so morali biti blagoslovljeni. Posledično so morali biti tisti, ki tega ne bi storili, prekleti.

Arka zaveze in levitski duhovniki so stali na sredini, v dolini.

Ko so vzklikali blagoslov, so se plemena, ki so stala na gori Gerizim, odzvala s krikom, ki se je močno spustil v dolino: »Amen! Amen! "

Pa tudi plemena na gori Ebal, ko so razglašali kletvice. S tem obredom so Izraelci želeli vzpostaviti kontekst blagoslova in prekletstva, v katerega je bila vpletena vsa narava, od dolin do gorskih vrhov. Učinki tega obreda se bodo sčasoma ohranjali, dokler bodo tam same gore same.

Lahko si predstavljamo veličino tega dogodka, ko se je na obeh gorah zbralo več deset tisoč ljudi. Dejansko je moralo čustveno sodelovanje toliko človeštva ustvariti tisto "polje sile", ki ga je bilo treba vzpostaviti v dimenziji, ki je celo višja od zapisanega zakona, večne sile, neuničljive in je ni več mogoče spreminjati.

Ritualno kopanje v reki Ganges.

To ni bil edini čas, ko s človeško udeležbo nastajajo polja sile, na splošno ugodna za človeštvo.

Indijska mitologija pravi, da je Ganga (od tod tudi ime reke Ganges), hči gorskega kralja Himavana, imela moč narediti vse, česar se je dotaknila, čisto.

Zato je po Hindujih reka Ganges sveta. Verjamejo, da se je treba vsaj enkrat v svojem obstoju kopati v Gangesu.

Številne hindujske družine imajo doma steklenico vode svete Gange. Vsi verjamejo, da lahko ta voda človekovo dušo očisti vseh grehov, lahko pa tudi ozdravi bolne.

Vsakih šest let se hindujski verniki zberejo ob sotočju Gangesa z dvema rekama Yumani in Saraswati, da praznujejo praznik Ardh Kumbh Mela, na koncu katerega poteka slovesnost Shahi Snana ali čistilne kopeli. kraj.

Izredno neverjetna slovesnost. Tisoči in tisoči hindujcev se potopijo v reko za kopel, ki zdravi dušo. Tekoča voda je impregnirana z njihovo vero in jo odmeva kot zdravilna moč celotnega stvarstva.

Očitno je, kako ta slovesnost sproža tudi čustva neizmerne intenzivnosti pri nevernikih, ki jo opazujejo.

Zagotovo so vsi udeleženci vključeni v močno mistično polje sile.

Vode reke Ganges se dotakne na desetine milijonov ljudi, nekateri z nalezljivimi boleznimi in celo trupla ljudi in živali. Poročajo, da presenetljivo ni nihče nikoli zbolel za boleznijo zaradi mokrega ali pitja te vode.

Podobno mistično polje zdravilne moči najdemo v številnih drugih virih vode, na primer v Lurdu.

Polja sile in arhetipi.

Po Jungu arhetipi predstavljajo prirojene in vnaprej določene ideje človeškega nezavednega. Bivajo v kolektivnem nezavednem in so resnična središča psihične energije.

Spontano se kažejo v glavah posameznikov, zlasti v trenutkih trpljenja zaradi kriz ali preobrazbe.

Epizode sinhronosti se pojavijo zahvaljujoč povezavi, ki se vzpostavi med tem, kaj človekova psiha zbira od kolektivnega nezavednega in tem, kar doživlja v zunanjem svetu.

Čeprav so arhetipi prirojeni in vsebujejo vso človeško zgodovino in izkušnje, se z razvojem človeške vrste krepijo.

Več kot polj sile ustvari človeška psiha, bolj se "arhetip" utrdi v kolektivnem nezavednem.

V tem smislu bi lahko rekli, da človekove želje oblikuje tisti univerzalni um, ki ga definiramo kot kolektivno nezavedno. Univerzalni um pa oblikujejo polja sile, ki jih ustvarjajo želje in pričakovanja, torej človeški nameni. Sinhronost deluje v obe smeri.

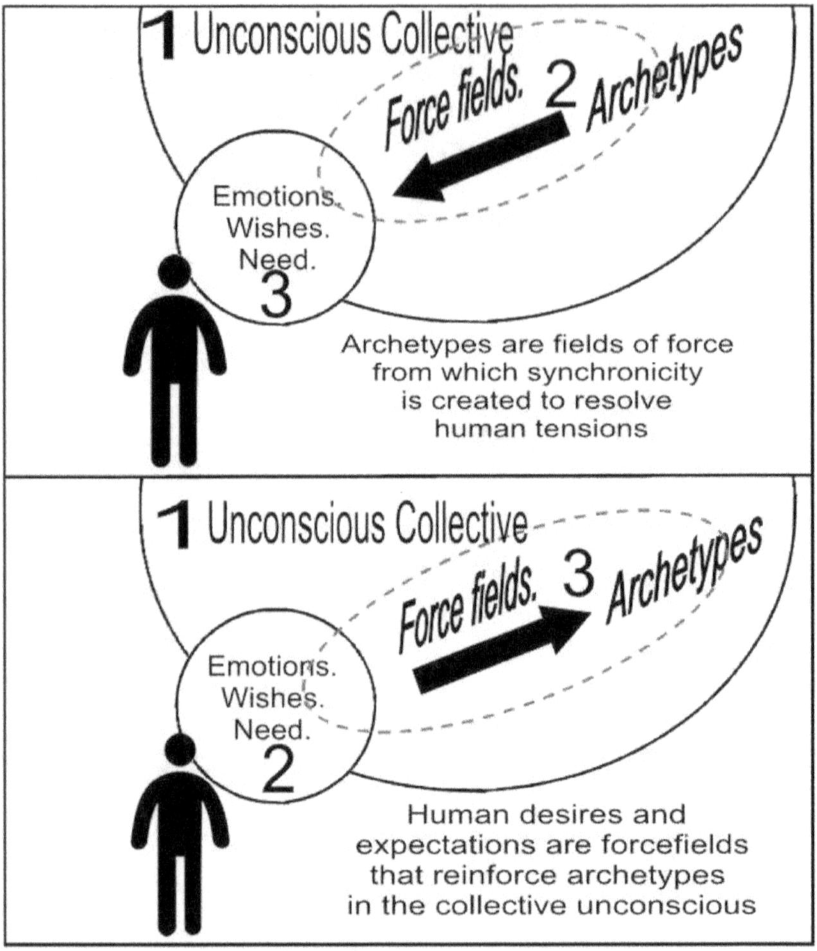

Slika 24. Medsebojna okrepitev med nameni, ki se dvigajo proti nelokalnemu, in sinhronostmi, ki izhajajo iz njega.

1 Kolektivna podzavest je kraj, kjer poteka srečanje med posameznikom in kozmosom.

Arhetipi se pretakajo iz kolektivne podzavesti v individualno zavest.

Želje, izkušnje in čustva posameznikov krepijo kolektivno podzavest.

Mentalna polja.

Rupert Sheldrake je britanski biolog in esejist, najbolj znan po svoji teoriji morfičnih polj ali polj oblike. Značilnost teh področij je, da se nimajo sklicevanja na klasično fiziko, torej niso mehanistična, ampak jih urejajo neznani zakoni. V svoji knjigi Razširjeni um pravi:

"Šele ko sem raziskal razvoj rastlin na univerzi v Cambridgeu, sem prišel do zaključka, da so živi organizmi organizirani po poljih.

Kako rastline rastejo iz preprostih zarodkov, ki jih vsebujejo semena, v gardenije, sekvoje ali bambuse? Kako dobijo listi, cvetovi in plodovi svoje značilne oblike?

Naivni odgovor je ta, da je vse genetsko programirano. Vsaka razvijajoča se rastlina ali žival nekako sledi navodilom v svojih genih.

Težava te teorije je v tem, da dejansko vemo, kaj geni počnejo: kodirajo aminokisline, ki tvorijo beljakovinske molekule.

Geni omogočajo celicam, da proizvajajo prave beljakovine ob pravem času, ko se telo razvija. Toda ustrezne beljakovine ne pojasnijo oblike rože ali zgradbe miši. Zakaj se ta struktura razvija tako? Nihče ne ve. To je eden največjih nerešenih problemov v biologiji.

V zadnjih štiridesetih letih smo si ogromno prizadevali za preučevanje genov in nadzor njihove dejavnosti. Na voljo je veliko podrobnih informacij, vendar to ne pomeni razumevanja razvoja miši ali katerega koli drugega organizma.

Reči, da se celice, tkiva in organi preprosto samodejno organizirajo, je enakovredno reči, da če bi bili vsi materiali dostavljeni na gradbišče ob pravem času, bi se stavba samodejno zgradila sama in v pravi obliki.

Očitno temu ni tako. Zgradb ne gradijo sami, ampak se postavljajo po projektu. Projekta seveda ne vsebujejo gradbeni materiali: gre za prostorsko idejo, vzorec informacij, ki pri materialih manjka. "

Od zadnjega stoletja so številni biologi, ki so preučevali razvoj živih organizmov, prišli do zaključka, da delo genov ni dovolj in da mora poleg programiranja potrebnih materialov obstajati tudi organizacijski sistem, ki nadzoruje razvoj.

Verjame se, da sistem temelji na poljih, imenovanih "morfogenetska polja". V matematične modele, pripravljene za proučevanje razvoja organizmov, so bili uvedeni elementi, ki ustvarjajo privlačnost. "Atraktorji" so cilji, h katerim težijo morfogenetska polja.

Ti atraktorji prebivajo v neopredeljenih prostorih, ki jih matematiki imenujejo "privlačni bazeni", in imajo sposobnost, da vsak organizem privabijo in usmerjajo v smer razvoja, ki ustreza njegovi vrsti in rodu.

Tako razvoj miši oblikuje morfogenetsko polje miši, marjetice pa morfogenetsko polje marjetic.

Vse dobro, kje pa so ta polja? Kako se tehtajo, kako se merijo?

Nad tem vlada absolutna tema. Tukaj je torej, da se morajo celo matematični modeli razvoja preproste marjetice zateči ... k neznanemu, da razložijo, kako nastaja marjetica.

Obvezno je sprejeti, da poleg fizičnih polj, kot sta električno polje in magnetno polje, obstajajo nefizična in nelokalna polja, torej polja, ki jih ni mogoče meriti. Poleg tega ni znano, kje so ta polja ali od kod izvirajo.

Upoštevajmo človeka, moškega ali žensko, starega 30-40 let, visokega 1,75 metra in težkega 70 kg. Njegova kemična sestava bo:

voda 59%, enako 41,4 kg
beljakovin 19%, enako 13 kg
maščobe 17%, enako 12 kg
minerali 4%, enako 3 kg
ogljikovi hidrati 1%, enako 0,6 kg
vitamini v sledovih 3-5 g

Mislite, da bi, če bi te elemente sestavili v stresalnik in stresali po volji, dobili moškega? Ne. Tudi ljudje niso "sestavljeni" naključno, ampak v skladu z navodili morfogenetskega polja. (Glej sliko 25).

Kako delujejo morfogenetska polja?

Pravzaprav nihče ne ve. Rupert Sheldrake domneva, da gre za polja rodu, ki jih fiziki še niso prepoznali, in zato predlaga tri lastnosti.

Prvo je očitno, morfogenetsko polje je projekt, ki ureja procese, ki bi bili sicer naključni. Če ne bi bilo morfogenetskega polja, ki bi vodilo (dejansko nalagalo) razvoj miši, bi bil to kaos: lahko bi imeli miši z osmimi repi in eno nogo ali še huje miši s polovičnimi telesi, podobnimi ščurkom.

Drugi je, da ta polja, kot predvidevajo matematične teorije, vsebujejo "sredstva privlačnosti".

Poleg načrtovanja trenutnega razvoja ta področja vedo, kako voditi prihodnji razvoj. Morfogenetska polja vedo, "kam gremo", vidijo, kaj se bo zgodilo, preden se to zgodi.

Hanno una sapienza o, se vogliamo, una coscienza, una consapevolezza del loro compito. Mentre il progetto si sviluppa oggi, il campo vede già quello che succederà in futuro.

La terza proprietà è che i campi morfogenetici non sono iscritti nell'universo una volta per tutte, ma evolvono assieme agli organismi di riferimento. I campi di ogni specie hanno una storia di cui sono consapevoli. (Vedi fig. 26).

Slika 25. Za gradnjo stavbe ni dovolj, da na gradbišče pripeljemo vse materiale. Potreben je projekt. Tega pa materiali ne vsebujejo.

Morphogenetic fields

1

The vine produces grapes because its development takes place in accordance with the morphogenetic field of the vine.

This vine growing enhances and modifies the morphogenetic field of all the vine plants.

2

Pear produces pears because its development takes place according to the morphogenetic field of Pear.

This growing pear tree enhances and modifies the morphogenetic field of all pear trees.

Slika 26. Vsak element vesolja, živalski, rastlinski ali mineralni, se razvija v skladu s projektom, vpisanim v njegovo morfogenetsko polje.

1 Trta daje grozdje, ker njen razvoj sledi norfogenetskemu polju trte. Ko ta trta raste, krepi morfogenetsko polje vseh trt.

2 Hruška proizvaja hruške, ker njen razvoj sledi morfogenetskemu polju hrušk. To pa, ko raste, krepi morfogenetsko polje vseh hrušk.

Morfogenetska polja in morfična resonanca.

Nadaljnji korak je razširitev načela delovanja morfogenetskih polj. Ti so omejeni že z njihovim imenom: njihova naloga je sodelovanje z geni za uresničitev gradbenih projektov organizmov.

Lahko si predstavljamo večja območja, na katerih bi polja lahko postala vodilni projekti za gradnjo ne le fizičnega telesa, temveč tudi značaja, torej psihičnih lastnosti.

Na primer, ko miška raste, lahko skupaj z njo rastejo tudi njeni instinkti in vedenje v skladu z že obstoječim načrtom. Že kot otrok ga bo njegov instinkt vodil k iskanju prehrane pri materi, ko bo odrasel, bo samostojno iskal hrano z lovom ali iskanjem hrane med odpadki.

V tem primeru govorimo o morfični resonanci med psiho miši, ki se razvija, in psiho vseh neskončnih miši, ki so živele pred njo.

Resonanca je pojav, podoben odmevu ali ropotanju. Za zelo pogost primer si predstavljamo, da prinesete blizu dva vklopljena mikrofona; lahko začnete slišati piščalke čedalje večje glasnosti.

Tehnično je rečeno, da oba mikrofona nihata: vsak od njih odda signal drugemu in ga sprejme v ojačenem povratku. To je tisto, kar smo predlagali na sliki 24 z argumentom, da arhetipi in zavest medsebojno vplivajo in se krepijo.

Podobno z morfično resonanco pride v stik psiha milijard miši, ki so živele prej, in duše ene same miši. Posameznik prejme vse izkušnje vrste. Hkrati so izkušnje

Slika 27. Gibanje in razvoj jat rib ali jat ptic je posledica silnih polj, povezanih z nelokalnostjo. Zato se takoj prenesejo na vse ribe ali ptice.

1 Nagon po selitvi prihaja iz morfičnega polja štorklje.

2 Polje sile usklajuje gibanje jate štorkljev.

"vrste obogatene z izkušnjami posameznika. Pogovorimo se o spominu na vrsto.

Vprašanje je: kje je spomin na vrsto? Nikjer ne moremo reči, ker je ena od njegovih lastnosti nelokalnost. Ali pa bi ga po analogiji z do zdaj rečenim lahko umestili v kolektivno nezavedno miši.

Še enkrat citiram Sheldrakeja, da bolje pojasnim koncept morfičnega polja.

Other kinds of morphic fields include the behavioral fields that underlie the behavior and instincts of animals. As a kitten grows up, its instincts and behavior are shaped by morphic resonance from countless cats in the past. Its morphic fields contain a collective memory of the species. These fields interact with nervous systems and brains by imposing pattern and order on otherwise indeterminate or chaotic processes within them, as I discuss below.
In addiction, the morphic fields of social groups, or social fields, coordinate the behavior of animal groups, such as termite colonies, flocks of birds, schools of fish, and packs of wolves". (The Sense of Being Stared At: And Other Unexplained Powers of Human Minds)

»Obstajajo morfična polja, ki vključujejo vedenjska polja, ki so podlaga za vedenje in instinkte živali.
Ko mačka raste, njen nagon in vedenje skozi morfično resonanco oblikujejo nešteto mačk v preteklosti. Njegova morfična polja vsebujejo skupni spomin na vrsto.
Ta polja sodelujejo z živčnim sistemom in možgani posameznikov, vsiljujejo vzorce in zapovedi procesom, ki bi bili v njih sicer nedoločeni ali kaotični.

Poleg tega morfična polja družbenih skupin ali družbena polja usklajujejo vedenje skupin živali, kot so kolonije termitov, jate ptic, jate rib ali volkov. "

Morfična polja.

Morfična polja kažejo svojo tiho prisotnost v naših zaznavah, mislih in vseh naših duševnih procesih.
Morfična polja duševnih dejavnosti se imenujejo duševna polja. Skozi duševna polja um seže v okolje in se povezuje z drugimi člani družbenih skupin.
Te povezave lahko pojasnijo telepatijo, občutek opazovanja, jasnovidnost in psihokinezo. Prav tako lahko pomagajo razumeti slutnje in slutnje, saj se znajo razširiti v prihodnost, saj v tujini prihodnost ne obstaja.

"Polja sile" v naravi. Kamni.

Na začetku tega dela sem predlagal hipotezo o poljih sile, ki nastanejo kot rezultat namenov, torej človekovih želja in vesti, kot ob sveti kopeli v reki Ganges.

Vendar obstajajo naravna polja sile, neodvisna od človeka, ki jih je človek določil že od zore človeštva, ko so bile njegove vezi z naravnimi silami veliko močnejše od tega, kar se dogaja danes.

Romarske destinacije so obstajale že v prazgodovini, povezane z verovanjem v svetost določenih krajev: gozdov, potokov, kamnov. Iz teh verovanj so se razvila tudi praznovanja verskih kultov.

Zemljo so častili kot mater v skladu s konceptom, ki je bil prisoten pri vseh ljudeh. Posledično so vse stvari, ki prihajajo iz Matere Zemlje, dobile sveti pomen.

Zlasti nekateri kamni so bili videti kot posode z mističnimi lastnostmi. Kamen, ki sam po sebi simbolizira moč in trpežnost, je postal izraz prisotnosti božanske, močne in večne moči.

Kamen je navdihoval tudi varnost, saj so bila prva človeška bivališča v kamnu, v jamah.

Jame niso veljale le za spalnice, temveč za kraje, polne svetosti. To lahko razumemo z opazovanjem okrasja, ki je prisoten v mnogih od teh jam.

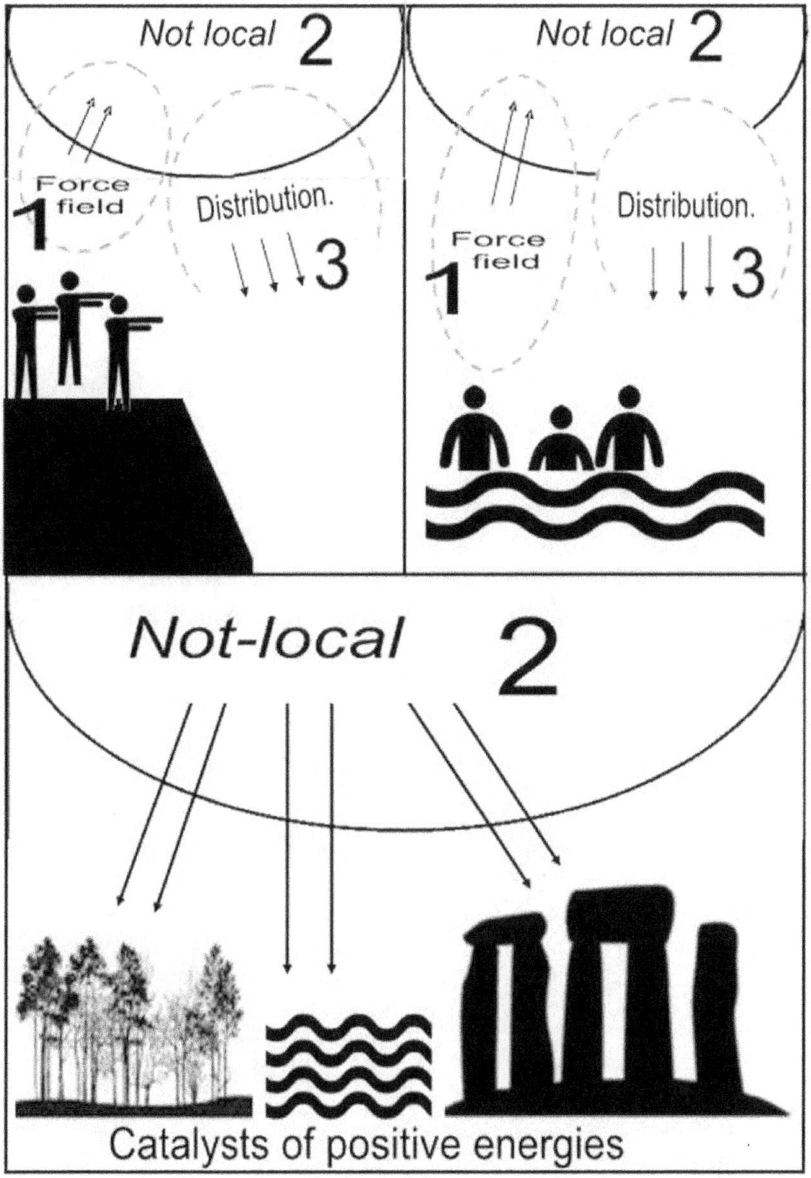
Not local 2
Force field 1
Distribution. 3
Not local 2
Force field 1
Distribution. 3
Not-local 2
Catalysts of positive energies

Slika 28. Katalizatorji pozitivne energije.

1 - 2 Človeški nameni lahko ustvarijo polja sile, ki vplivajo na ne-lokalno raven.

3 Mnogo krajev na zemlji je katalizator pozitivnih energij, ki prihajajo z nelokalne ravni.

Okraski so jame spremenili v templje, kot se je na primer zgodilo v jamah, okrašenih s skalnimi slikami Lascauxa ali Chauveta v Franciji, jami Altamira v Španiji ali celo Grotta del Genovese na Levanzu na Siciliji.

Noben drug material ni spremljal zgodovine človeka kot kamen. Povezava se začne z gradnjo orodij in se nadaljuje danes z dvigovanjem stavb, ki se dotikajo oblakov.

Simbol kamna najdemo tudi v alkimistični praksi, ki je namenjena iskanju filozofskega kamna, ki je sposoben preoblikovati svinec v zlato, pa tudi dvigniti človeka iz njegove surove narave v višjo duhovnost.

V vseh kulturah velja, da človek sega do neba, s katerega izvira. Človek je le začasno ločen od vesolja, glede na njegovo smrtno naravo, vendar nenehno išče most, ki ga bo združil z večnostjo, iz katere prihaja.

Kamni pogosto postanejo most, ki daje prednost temu stiku. V tej perspektivi je mogoče videti megalite.

Kamni, postavljeni kot posamezni elementi ali v krogih (kromleh) kot v Stonehengeu v Angliji ali spet v poravnavah kot v Carnacu v Franciji, imajo moč katalizirati energijo vesolja. (Glej sliko 28).

Ta energija, ki prihaja iz celote, torej iz nelokalnosti, ustvarja lokalna polja sile, v katere se človek lahko potopi, da bi bil povezan z univerzalno silo, božansko.

Polja sile, ki jih tvorijo ti kraji, imajo pogosto odlične zdravilne sposobnosti, čeprav samo zato, ker psihološko počutje ustvarja tudi fizično počutje.

Pierre Teilhard de Chardin in "Omega Point".

Pierre Teilhard de Chardin je bil jezuitski duhovnik, rojen v Franciji v Orcinesu leta 1881. Predvsem znan kot evolucionistični znanstvenik, je izdelal več teorij, med katerimi je pomembna tista, ki se nanaša na "noosfero".

"Noosfera" je izraz, ki izhaja iz grške besede "nous", kar pomeni um in "sfera" v smislu biosfere ali biološkega polja.

Za Teilharda de Chardina je "Noosfera" kolektivna zavest ljudi, ki izhaja iz interakcije med vsemi človeškimi umi. Ko je organizacija človeške vrste napredovala, se je noosfera razvila v nekakšno resonanco.

Koncept ima vsekakor močne analogije z Jungovo kolektivno podzavestjo in Sheldrakeovim oblikovanjem "morfičnih polj".

Bolj ko se človeštvo organizira s povečevanjem svoje zapletenosti, bolj se oblikuje noosfera. Učenjak je trdil, da se bo "Noosfera" širila z naraščajočo resonanco in integracijo, dokler ne doseže tistega, kar je imenoval točka Omega,

To je najvišja stopnja zapletenosti in zavesti, h kateri vesolje teži v svojem razvoju.

Objava njegovih spisov je v katoliških krogih sprožila burne polemike tudi zaradi nasprotij med konservativci in inovatorji v obdobju pred drugim vatikanskim koncilom.

Teilharda de Chardina so namreč obtožili krivoverstva, natančneje panteizma, iste obtožbe, zaradi katere je bil Giordano Bruno požgan na grmadi.

Kot ponavadi je Cerkev pokazala, da pri iskanju znanosti vedno zaostaja za korak, zato morajo obsodbe sodnikov, tako vnetih, kot improviziranih, pregledati bolj odsevni in razsvetljeni umi.

V zadnjem času so bile teorije Teilharda de Chardina pozitivno ponovno ocenjene. Papež Pavel VI je v govoru o razmerju med znanostjo in vero pohvalil njegovo delo in ga označil za znanstvenika, ki mu je pri preučevanju snovi uspelo znova odkriti Duha.

Dodal je še, da teorija De Chardina Boga ni zanikala, ampak je podpirala "prisotnost Boga kot inteligentnega in stvarniškega načela".

Kasneje je kardinal Ratzinger, kasneje papež Benedikt XVI., Priznal, da je eden glavnih dokumentov koncila, enciklika "Gaudium et Spes", močno prežeta z mislijo francoskega jezuita. Nadalje je izjavil, da je bila njegova vizija uvod v "veliko kozmično liturgijo".

Peti del. Čudo kvantne fizike.

I have yet to see any problem,
however complicated, which,
when looked at in the right way
did not become still more complicated.
(Poul Anderson, writer)

Vsak zapleten problem, ki se analizira na pravi način,
postane še bolj zapleten. (Poul Anderson, pisatelj)

Čas, oddaljenost, "kvantna nelokalnost".

Preden se lotimo teme, ki se nanaša na pojav, imenovan "kvantno zapletanje", je koristno imeti predstavo o dimenzijah, v katerih se premikamo. Živimo na fizični ravni, vajeni smo meriti čas na lestvici od sekund do stoletij in zdi se nam, da je razdalja med obema skrajnostma ogromna.

V resnici stoletje obsega 876.000 ur, zato je glede na to, da je ura sestavljena iz 3.600 sekund, stoletje približno 3 milijarde in 154.000 sekund.

Če pa poskušamo misliti, da se čas v astronomiji šteje v milijardah let (milijarda let je deset milijonov stoletij), lahko ugotovimo, da običajno uporabljene merske enote ne zadostujejo.

Enako lahko rečemo za razdalje: običajno razmišljamo z milimetri, metri ali kilometri. Če pa želimo meriti v galaksiji ali v jedru atoma, se zavedamo, da te merske enote niso ustrezne.

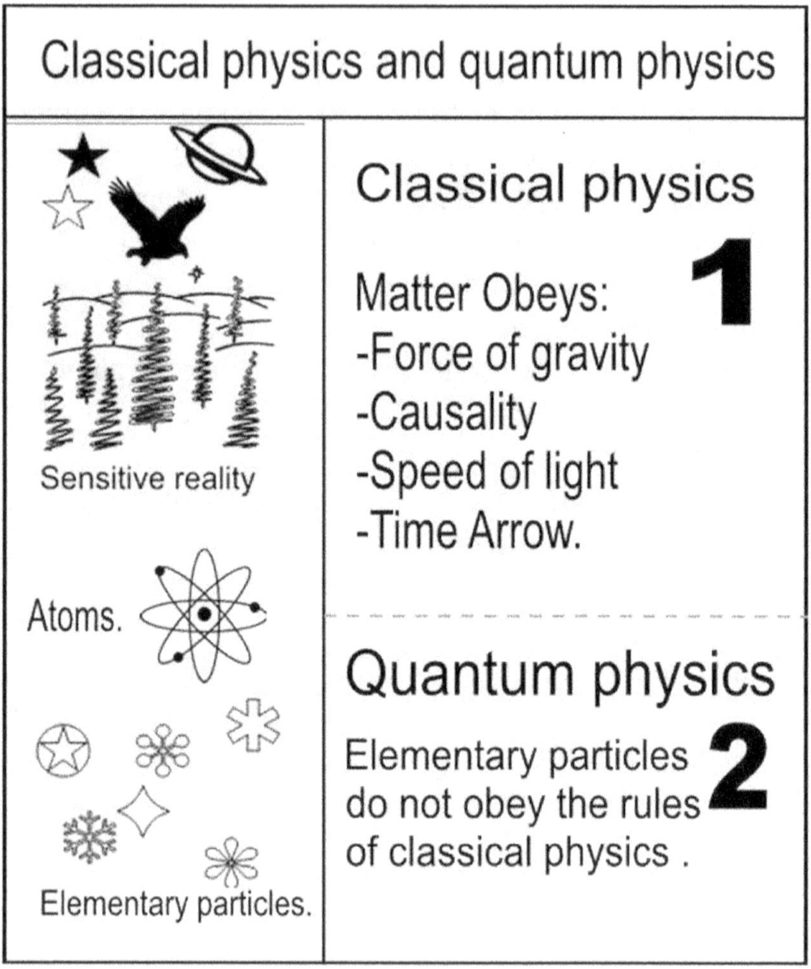

Slika 29. Do pred nekaj leti smo poznali samo klasično fiziko. Zdaj je postalo jasno, da obstaja še ena raven, to je osnovni delci. Na tej ravni pravila klasične fizike ne veljajo več.

1 Klasična fizika, materija upošteva številne zakone: silo gravitacije, vzročnost, svetlobno hitrost in smer časa.

2 V kvantni fiziki osnovni delci teh zakonov ne upoštevajo.

Sinhronosti se zgodijo ob pravem času.

V Pismu Hebrejcem, svetopisemskem besedilu, ki je bilo v preteklosti pripisano svetemu Pavlu, avtor navaja, da je Kristus "... ko je prišla polnost časa, prišel na svet, da je z žrtvovanjem sebe izbrisal greh" (Heb 9, 26b)

V enem od svojih pogovorov je znani italijanski biblijski egzeget Gianfranco Ravasi poudaril, da je mogoče izraz "polnost časa" razumeti tudi v najprimernejšem pomenu, to je "ob pravi čas ". Po Ravasijevem mnenju je bil trenutek, ko se je rodil Jezus, zelo ugoden za širjenje evangelija: Rimsko cesarstvo je zgradilo ceste na vseh svojih ozemljih, kar je močno olajšalo gibanje ljudi in z njimi tudi nove ideje.

Nalogo, ki jo je Jezus dal svojim učencem "Pojdite po vsem svetu in oznanjujte evangelij vsem bitjem" (Mk 16,15), je močno olajšal takratni položaj sveta: prostrana ozemlja so bila praktično v miru in lahko dostopna.

Vemo, da arhetipi, torej »ideje«, ki so prisotne v kolektivnem nezavednem človeštva, medsebojno delujejo in jih krepijo vesti in namere človeka.

Prav tako je smiselno verjeti, da se ideja o novi religiji okrepi, ko jo več moških postavi v svoje želje in pričakovanja, torej v svoje namene.

Krščanstvo se je širilo hitreje, ker so se pričakovanja novih vernikov nenehno povečevala in so odmevali z mislijo o krščanstvu, ki je prisotno v tujini.

Human evolution		
From four million years to 10,000 years ago 1		Stone Age in its various stages
↓↓↓	↓↓↓	↓↓↓
From 10,000 to 200 years ago 2	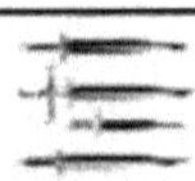	Age of metals
From 1800 3		Industrial Revolution
From 1900 4		Computer revolution
Next evolutionary step 5		Science that unifies matter and psyche

Slika 30. Neizmerni čas je bil potreben za sprožitev evolucijske sinhronosti, ki bi omogočila prehod iz kamene dobe v kovinsko dobo. V zadnjih stoletjih so sinhronosti vznemirjene.

1 Kamnita doba traja milijone let in se konča šele pred 10.000 leti.

2 Starost kovin traja od 10.000 do 2.000 let.

3 Industrijska revolucija se začne v 19. stoletju

4 Informacijska revolucija se začne v 20. stoletju

5 Naslednji evolucijski korak bo vključeval sodelovanje med materialno komponento in psihično komponento vesolja.

Naraščajoče število vernikov se je množilo. Seveda po krščanski veri »ne-lokalna« razsežnost sovpada z delom Svetega Duha, ki pomaga in vodi učence pri njihovem oznanjevanju.

Še en primer "najprimernejšega časa" si lahko predstavljamo, če ocenimo čase človeške evolucije.Človekove dobe lahko razdelimo na kameno, bakreno, bronasto in železno dobo.

Če te starosti naštejemo na ta način, nimamo dojemanja njihovega trajanja. Dejstvo je, da se kamena doba začne pred 3-4 milijoni let, šele pred 10-12.000 leti pa so se zgodile spremembe, ki so privedle do bakrene dobe: pred 5.000 leti do bronaste dobe. Železna doba prihaja pred 3000 leti. (Glej sliko 30)

Kamena doba je trajala neizmerno dlje kot vsa naslednja obdobja. Zakaj je človek ostal tako dolgo v svoji zgodnji dobi, več kot tri milijone let, preden je naredil prvi evolucijski korak v bakreni dobi? To je vprašanje, na katerega sodobna paleontologija ne more odgovoriti.

Vzemimo si hipotezo: v vsem tistem zelo dolgem obdobju si moški niso želeli, se niso nameravali razvijati, morda si niti niso predstavljali možnosti, ker še niso imeli vesti, dovolj pripravljene, da bi izrazili svoje namene.

Morda jih je bilo tudi tako malo, da niso mogli razviti tako silnega polja, da bi povzročili sinhronosti, ki bi lahko spodbujale evolucijski razvoj.

Na določeni točki je povečanemu številu in nekaterim ugodnim okoliščinam uspelo sprožiti polje sile, ki je dovolj za interakcijo z arhetipom kulturnega razvoja.

Od takrat naprej je bil razvoj zelo hiter, hitro je prehajal iz bakrene do bronaste dobe in nato v železno dobo.

Danes živimo v dobi silicija, torej dobi informacij. Danes imamo komunikacijska orodja za hitro širjenje novih idej, ki lahko ustvarijo polja moči in pričakovanj glede najnaprednejših meja znanja.

Polja sile, ki se danes pojavljajo, se lahko v nekaj desetletjih, ne več v milijonih let, razširijo in spremenijo evolucijsko pot človeštva.

Čas, v katerem živimo, je zagotovo pravi čas, da se nove ideje, povezane z napredkom kvantne fizike, kot je kvantno zapletanje, zavzamejo in porušijo vsa stara prepričanja o resničnosti vesolja.

Dejansko kvantno zapletanje napoveduje resničnost, ki ni več sestavljena samo iz materije, temveč iz materije in psihe. Zapletanje ponovno oceni in posodobi vse misli in intuicije, ki jih človeštvo nikoli ni moglo preizkusiti, četudi je vedno menilo, da so resnične.

Kvantno zapletanje začne ustvarjati resnične in prepričljive dokaze. Na svetu se ustvarja mreža "zagovornikov" te nove znanosti, ki je sposobna ustvariti polje sile, ki zadostuje za krepitev iste ideje vsak dan.

Kvantno zapletanje se je v nekaj letih razvilo skozi neverjetno vrsto sinhronosti.

Sestanek, ki je potekal ob pravem času.

Nekega hladnega popoldneva januarja 1932 je ponižen moški potrkal na vrata pisarne znanega psihoterapevta tistega časa.

Odločil se je poslušati nasvet svojega očeta, zaskrbljen zaradi njegovega duševnega zdravja in poiskati oskrbo pri specialistu. Dejansko je ta človek preživel zelo težek trenutek v svojem življenju.

Rodil se je na Dunaju v začetku 19. stoletja in kmalu bi dopolnil trideset let z izrazitim občutkom, da je v življenju naredil zelo malo. Zaradi številnih tragičnih dogodkov, ki so ga vpleteli, je padel v resno psihično motnjo.

Predvsem je štiri leta prej njegova mati storila samomor in se nato ločila od žene, kabaretke, po nekaj tednih trajajočem zakonu.

Vse to ga je pripeljalo do alkoholika, zato se je pogosto zgodilo, da so ga pozno ponoči vrgli iz različnih krajev, ki jih je obiskal, kjer je bil dobro znan, ker je motil druge stranke.

Ta navada ga je med drugim naredila razdražljivega in tudi v delovnem okolju. Tu ni mogel biti prisrčen v odnosih z drugimi.

Psihoterapevt v svojih zapiskih tako opisuje svoje srečanje s tem človekom:

»Imel sem pacienta, univerzitetnega profesorja. Bil je zelo mono usmerjen

intelektualec. Njegovo nezavest je postalo težavno in zelo aktivno. Projeciral se je v druge moške, ki so bili njegovi sovražniki. Počutil se je strašno sam, ker se je zdelo, da so vsi proti njemu. "

Psihoterapevt se je imenoval Carl Gustav Jung, bolnik pa Wolfgang Pauli. (Glej sliko 31). Od tega srečanja, kmalu okrepljenega s prijateljstvom zaradi skupnih kulturnih interesov, se je med njima razvilo intenzivno sodelovanje.

Pravzaprav je bil Pauli kljub svojim psihičnim težavam sijajen znanstveni um, tako da je leta 1945 prejel Nobelovo nagrado za svoje odkritje, bistveno za razvoj kvantne fizike, dobro znano načelo, imenovano "izključitev Paulija".

Do srečanja obeh ni prišlo po naključju, je pa bila tokrat izjemno natančna sinhronost in je celotno človeštvo vodila k trenutnim spoznanjem o resničnosti vesolja.

Jung in Pauli sta združila dve teoriji. Prvo, teorijo arhetipov in kolektivnega nezavednega, je razvil Jung. Ta teorija je bila predmet Pavlijeve znanstvene natančnosti in stroge metodologije. Pauli je Jungovo teorijo primerjal tudi z načeli kvantne fizike. Veliko vsebine te knjige temelji na rezultatih njihovega sodelovanja.

Pauli pripisuje sanje za številne pozitivne rezultate svojega študija. Trdil je, da je v sanjah prejel veliko koristnih navdihov.

Slika 31. Wolfgang Pauli, 1945 Nobelova nagrada za fiziko.

Paulijev učinek.

Pauli je bil med spremljevalci dobro znan po prav posebni lastnosti.

Pravijo, da se je, kadar je Pauli vstopil v raziskovalni laboratorij, vedno nekaj zgodilo. Na primer, obstajala so orodja, ki so prenehala delovati, predmeti, ki so se zdrobili, druga pa so padla na tla ali eksplodirala.

Številni fiziki so se odločili, da ga nikakor ne bodo spustili in si izmislili najbolj domiselne izgovore. A to so storili, ne da bi mu povedali, iz spoštovanja do njega.

Le njegov kolega Otto Stern je prepoved odkrito napovedal kot nepreklicno odločitev. Zagotovo se je okoli Paulija oblikovalo polje psihokinetičnih sil. To polje lahko vpliva na trdno snov.

O tem Paulijevem učinku pričajo številni njegovi kolegi. Eden od teh, J. Frank, mu je zapisal, da mu je ena oprema v Göttingenu odpovedala. Pauliju pa ni mogel očitati, ker je bil ta dan odsoten.

Pauli je odgovoril, da je v času nesreče potoval in da je bil njegov vlak ustavljen tik na postaji Göttingen.

Kljub tem folklornim premislekom je bil Pauli skupaj z Bohrom, Heisenbergom, Diracom in drugimi eden vodilnih mislecev kvantne mehanike.

Pauli je hitro postal znan po svojih osnovnih in izvirnih prispevkih k kvantni teoriji polja.

Njegovo načelo izključevanja (ki mu je prineslo Nobelovo nagrado) je bilo osnova teorij, ki so omogočale eksperimentiranje s pojavom kvantne zapletenosti.

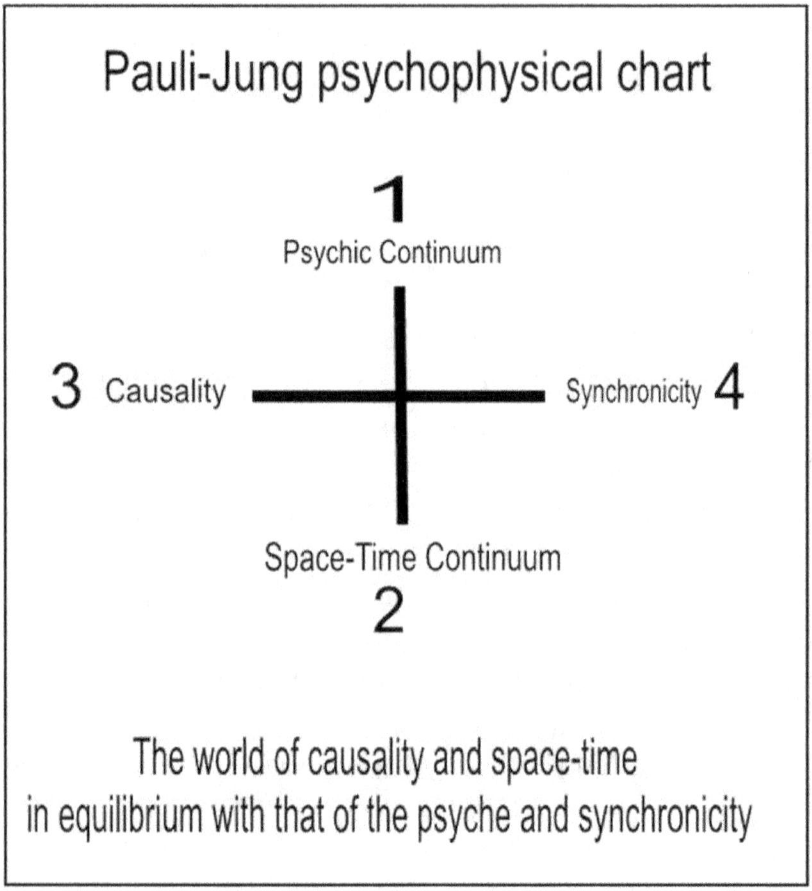

Slika 32 Psihofizični diagram, ki sta ga pripravila Wolfgang Pauli in Carl Gustav Jung.

1-2 Obe vertikalni roki predstavljata svet psihe, v ravnovesju s svetom snovi.

3-4 Levo in desno na grafu sta v ravnotežju "naključnost" in "sinhronost".

Albert Einstein mu je vedno izkazal globoko hvaležnost. Ko je bil prisoten na podelitvi Nobelove nagrade, ga je ustvarjalec teorije relativnosti imenoval "moj duhovni sin".

Dolgo sodelovanje je Jung in Pauli pripeljalo do razvoja psihofizičnega diagrama, prikazanega na sliki 32.

Psihofizični mdiagram za Paulija in Junga.

Na levi in desni strani grafa sta naključnost in sinhronost uravnoteženi. Na ta način želijo označiti sodelovanje med Newtonovo fiziko. in načelo sinhronosti.

Glede na vzročnost je vsak dogodek povezan z vzrokom, ki ga je povzročil. Sinhronost pa se vedno nanaša na popolnoma nepovezane dogodke.

Dve vertikalni roki predstavljata svet psihe, torej nelokalnega, ki se uravnava s fizičnim, ki ga urejajo dimenzije prostora in časa.

Ta diagram potrjuje, da resničnost ni sestavljena samo iz materije, ampak tudi iz materije in psihe. Materija in psiha se potrebujeta. Psihična resničnost ne more obstajati, če se ne more manifestirati v materialni resničnosti in obratno.

"Kvantno zapletanje".

Vsa nova odkritja, zlasti kvantna prepletenost, ponavadi dokumentirajo obstoj "substrata", ki povezuje vso realnost, v kateri živimo.

Sinteza kvantnega prepletanja je ravno to: celotno vesolje je medsebojno povezano skozi dimenzijo, kjer signali in informacije potujejo brez prostorskih in časovnih omejitev.

Na ravni osnovnih delcev je bilo to jasno dokazano. Zaključek, ki ga lahko sklepamo, je, da je celotno vesolje sestavljeno iz osnovnih delcev, zato je vesolje med seboj povezano.

Če preučujemo resničnost z vidika kvantne mehanike, vidimo, da bi lahko dejansko obstajali številni pojavi, ki so bili prej nemogoči.

Govorimo o telepatiji, jasnovidnosti, telekinezi in vseh tistih pojavih, znanih kot "radovedna naključja". To so pomembna naključja, ki jih je psiholog Carl Gustav Jung skupaj s fizikom in nobelovcem Wolfgangom Paulijem katalogiziral z imenom "sinhronost".

Nekdo bo skeptičen in bo trdil, da znanstveno brezhibne teorije, kot je kvantno zapletanje, ni mogoče "umazati", če jo povezujemo s psihičnimi pojavi.

Vendar je temu tako in resničnosti sta popolnoma združljivi.

Struktura resničnosti, razlagana z merili kvantne fizike, in lastnosti psihičnih pojavov se lahko zdijo oddaljena svetlobna leta. Namesto tega si delijo funkcije z resnično impresivno podobnostjo in združljivostjo.

Prepletenost je lastnost kvantne teorije, ki jo potrjujejo številni poskusi.

Albert Einstein te novosti ni sprejel, ker je menil, da je v nasprotju z njegovo teorijo relativnosti. Zato si je Einstein zamislil poskus, s katerim bi dokazal nedoslednost kvantnih teorij.

Ta dobro znani eksperiment, znan kot EPR iz imena treh znanstvenikov, ki so ga predlagali (Einstein, Podolski, Rosen), je bil miselni eksperiment, ki je bil podvržen netočnostim. Ko se je tehnika v osemdesetih letih izboljšala, so eksperiment izvedli večkrat. Vsakič, ko je poskus potrdil teorijo "kvantne zapletenosti". Tako so se Einsteinovi dvomi izkazali za neskladne.

Kjer se rodi "kvantno zapletanje". Elementarni delci.

Zaplet je pojav, ki se pojavi na ravni osnovnih delcev. Prvi korak k razumevanju tega je razjasniti, kaj je elementarni delec.

Sklicujemo se na najbolj znano kategorijo delcev, elektrone, ki spadajo v kategorijo leptonov. Kot je znano, so elektroni zelo majhni delci z negativnim električnim nabojem.

Elektroni krožijo okoli osrednjega jedra atoma (sestavljenega iz protonov in nevtronov). To jedro ima pozitiven električni naboj, elektroni pa negativni električni naboj.

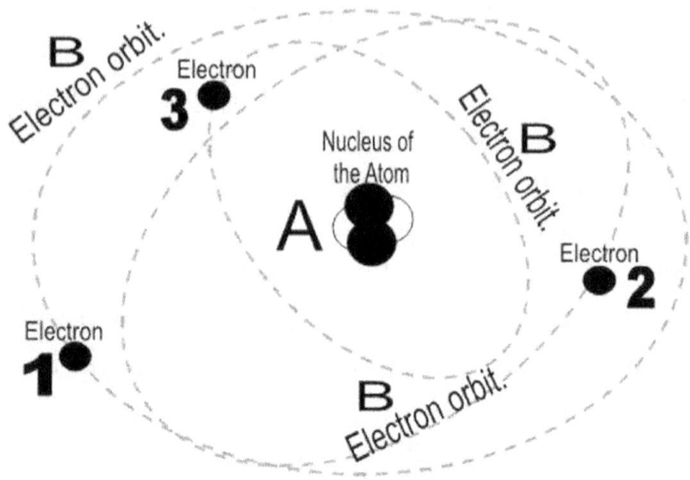

Exemghting an atom.
(nucleus, electrons, electron orbits).

The electron 1 (outermost) has an energy greater than 2 and 3, to remain in orbit around the nucleus.

Electron 2 has an energy greater than 3, but less than 1.
Electron 3 has less energy than 2 and 1

Slika 33. Elektron ima dovolj energije, da se lahko vrti okoli jedra. Bolj ko je njegova orbita zunanja, se pravi, dlje ko je od jedra, večjo energijo ima.

A - Jedro atoma.

B - Elektronske orbite

1 Elektroni, ki se vrtijo na najbolj zunanji orbiti, imajo večjo energijo kot elektroni 2 in 3, ki se vrtijo po orbitah bližje jedru atoma.

2 Elektron 2 ima večjo energijo od tiste, ki jo ima elektron 3. Vendar pa je njegova energija nižja od tiste, ki jo ima elektron 1-

Gibanje elektrona ustvarja magnetno polje in je odgovorno za električno prevodnost in toploto. Toda značilnost, ki nas najbolj zanima, je, da elektron, da se odzove na spremembe v svoji energiji in pospeševanju, oddaja fotone.

Foton je kvant svetlobe. Za razlago koncepta "koliko" vzemimo primer in si predstavljajmo, da gremo v supermarket po sir.

Lahko zahtevate 100 gramov, 200 ali 300 gramov ali celo 150 gramov. Spremljevalec bo odrezal nekaj rezin, tako da jih bo položil na tehtnico, nato pa bo rekel: "Obstaja 10 gramov več, naj jih pustim?" Plačate po teži in z veseljem zapustite trgovino.

Če greste kupiti fotone, to ne deluje tako. Foton ima svojo težo, ki se ji ne reče "kilogram" ali "hektogram", ampak "koliko". Foton je "kvant". To je edini možni ukrep. Ni večkratnikov ali podmnožnikov "kvanta"

Vrnimo se k našemu elektronu. Rekli smo, da se na spremembe v svoji energiji odziva z oddajanjem fotonov. Naš cilj je torej narediti, da elektroni oddajajo fotone, da bi razumeli zapletenost. Prvi korak je spreminjanje energije elektrona, poglejmo, kako to lahko storimo.

Atom je obdan z veliko elektroni, odvisno od tega, katerega elementa je del.

Elektroni se vrtijo po orbitah, razporejenih okoli jedra. Njihova raven energije je odvisna od teh orbit. Tisti, ki so bolj oddaljeni od jedra, imajo več energije, tisti, ki so bližje jedru, pa manj. (Glej sliko 33).

Elektroni z malo discipline.

Na vsake toliko časa se iz razlogov, ki jih nihče ne ve, odloči, da bo to harmonijo prekinil in spremenil orbito. To pomeni, da se odloči za skok iz zunanje v notranjo orbito.

Pri tem skoku pa je atom močno omejen: ne more prosto narediti majhnega ali polovičnega ali daljšega skoka: preskočiti mora točno "kvantno", ker so orbite razporejene v kvantnem vrstnem redu.

Če naš elektron skoči navznoter, da se približa jedru, v novi orbiti ne potrebuje več energije, ki jo je imel prej, ker najbolj notranje orbite potrebujejo manj energije.

Zato se bo moral elektron odpovedati delu svoje energije. Natančneje, elektron mora sprostiti "kvant" energije.

Kaj se zgodi s "koliko" izgubljene energije? Postane delec, to je "foton". Kot smo že omenili, je foton ravno "kvant" svetlobe.

Dejstvo, da mora elektron skočiti natanko "kvantno", določa zelo čuden pojav. Nikoli ne boste našli elektrona, "obešenega v zraku" med eno in drugo orbito, torej v vmesnem položaju.

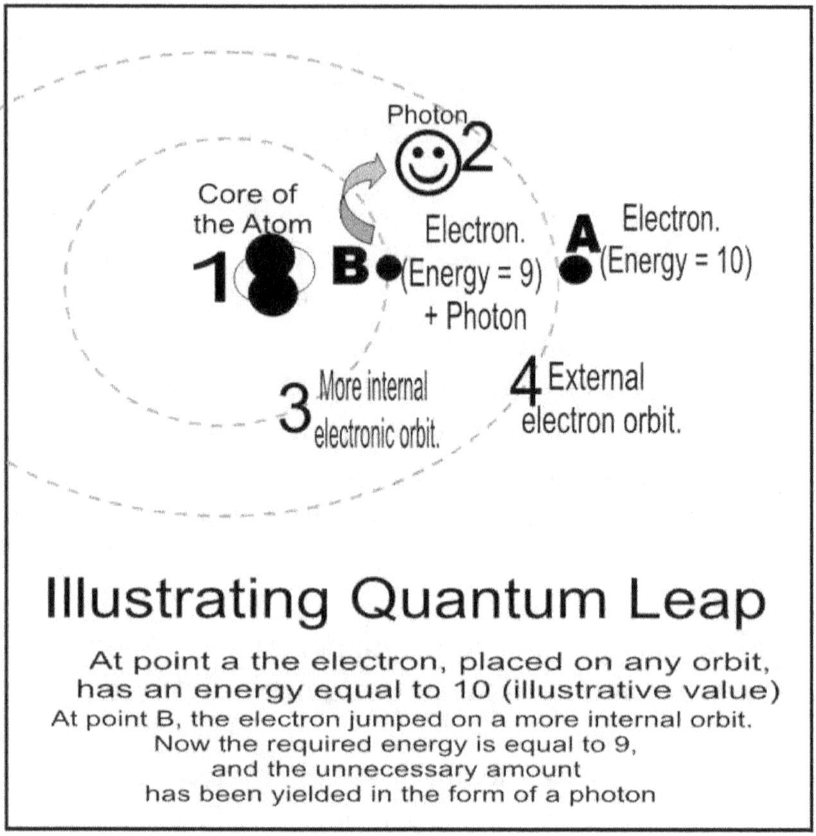

Slika 34. Kvantni preskok. Elektron, ki skoči na orbito bližje jedru, izgubi energijo in jo sprosti v obliki fotona.

1- Jedro atoma.

A) - Elektron, ki se nahaja na orbiti 4. Predstavljajmo si, da je njegova energija enaka 10.

B) - Elektron A skoči v orbito 3, ki je bolj notranja. Na ta način sprosti "kvant" energije. Sproščena energija se pretvori v foton.

Elektron bo takoj spremenil orbito brez prehoda. V kvantnem preskoku elektrona ni prostora za premagovanje niti časa, potrebnega za njegovo premagovanje. Zdaj je elektron tu, zdaj pa je že na drugem mestu in zdaj je nov foton. (Glej sliko 34).

Naredili smo pomemben korak naprej, vendar potrebujemo še enega, zelo majhnega. Za oceno, kaj je zapletanje, potrebujemo vsaj dva fotona, ker je zaplet sestavljen ravno iz razmerja med dvema delcema ali več kot dvema.

Kvantno prepletanje se rodi med dvema "dvojčkoma" fotonoma.

"Kvantno zapletanje" nastane med dvema "dvojčkima" fotonoma, torej dvema fotonoma, rojenima iz istega dogodka.

Med tistimi, ki so verjeli v obstoj posebnih razmerij med fotoni, ki jih oddaja kvantni preskok, in tistimi, ki so bili dvomljivi, se je pojavilo zelo dolgo nestrinjanje.

Med dvomljivci je bil tudi Einstein, ki je skupaj z dvema znanstvenikoma (Podolskim in Rosenom) leta 1935 zasnoval miselni eksperiment, s katerim je dokazal nemogoče teorije, ki jih napoveduje kvantna mehanika.

Einstein je vedenje delcev na kvantni ravni označil za "grozljiva dejanja na daljavo" in jih odločno zanikal.

Miselni eksperiment je eksperiment, ki se v praksi ne izvaja, ampak je le zamišljen. Rezultati so torej teoretični in jih ni mogoče preveriti.

Miselni poskusi se uporabljajo, kadar tehnična sredstva za njihovo izvajanje v praksi ne obstajajo ali ekonomska sredstva niso na voljo.

Skoraj trideset let pozneje je John Stewart Bell v članku z naslovom "O paradoksu Einstein-Podolsky-Rosen" podprl Einsteinove ideje.

Bell je poudaril, da je nelokalni značaj kvantne mehanike nezdružljiv s fizično realnostjo. Ugotovil je, da če se zdi, da se je to zgodilo, so bile študije nepopolne.

Bell je trdil, da zagotovo primanjkuje računskih elementov, ker je zapletanje nemogoče imeti značilnosti, ki so mu bile pripisane.

Vendar je Bellov članek pustil odprto možnost preverjanja, ker je predlagal nov poskus, poenostavljeno različico poskusa EPR, ki bi ga lahko izvedli z merjenjem polarizacije fotonov.

Mogoče Bell tega ni pričakoval, toda nekdo mu je verjel na besedo in predlagani poskusi so bili izvedeni. Od osemdesetih let so jih izvedli veliko.

Vsi ti poskusi dokazujejo, da na kvantni ravni lokalizem klasične fizike ni več veljaven in prevzamejo nelokalne lastnosti. Napovedi v zvezi z značilnostmi zapletov so bile potrjene v laboratoriju.

Poskus Alain Aspect.

Alain Aspect je bil prvi, ki je sprejel Bellov izziv in izvedel poskus, ki je potrdil "nelokalnost" "zapletenih" delcev.

Stvari se niso odvijale tako, kot sta mislila Einstein in Bell. Leta 1982 je Aspect objavil svoje rezultate, ki so dokončno ugotovili, kako kvantno resničnost upravlja nelokalnost.

Aspectov poskus je bil sestavljen iz stimulacije atoma, tako da je oddajal dva fotona, usmerjena v različni smeri. Kot vir fotonov je uporabil žarek kalcijevih atomov. Atome je vzbudil laser, ki je prisilil elektron iz vsakega atoma, da je skočil dve orbiti navznoter.

Ko je elektron zmanjšal potrebno energijo, ko se je jedru približal za dve ravni, je oddajal par fotonov, to je dva kvanta svetlobe.

Ti fotoni, rojeni iz istega kvantnega preskoka, torej iz istega elektrona, se imenujejo "korelirani fotoni". Lahko jih obravnavamo kot dva dvojčka, rojena skupaj od iste matere.

Ta dva fotona dvojčka se obnašata v skladu z značilnostmi nelokalnosti, o katerih smo govorili v prejšnjih poglavjih, in potrjujeta nelokalnost kvantne ravni.

Nelokalnost pomeni, da na tej ravni ne obstajata več ne časa ne prostora: energija in informacije ne potujeta z vnaprej določeno hitrostjo, največ s hitrostjo svetlobe.

Dejansko sploh ne potujejo: hkrati sta tu in tam. Živijo tudi v večnem "zdaj", saj na ne-lokalni ravni ni prej in pozneje. Dejansko, če želimo biti natančni, ni niti "zdaj". Te neverjetne lastnosti jasno kažejo, zakaj se je tako imenovana teorija "kvantnega zapletanja" soočila s toliko težavami, da bi se uveljavila.

Danes, približno trideset let kasneje, so poskus Alaina Aspecta ponovili na nešteto načinov in priložnosti. Prišlo je do "zapletanja" ne le med dvema, tremi ali več delci, ampak v zadnjem času tudi med milijoni delcev.

Načelo kvantne zapletenosti.

Če opazimo dva fotona, ustvarjena skupaj, opazimo, da med njima obstaja skrivnostna vez, kot da gre za dva človeška dvojčka. Toda ne povsem kot dva človeška dvojčka: veliko več.

V skladu s pravili fizike ima lahko vsak foton vrednost, imenovano "spin". Na matematični ravni je vrtljiva vrednost obeh fotonov enaka "polovici" in je lahko pozitivna (+1/2) ali negativna (-1/2).

To so nasprotne vrednosti. Da bi se bolje razumeli, bomo navedli primere tako, da si predstavljamo, da se fotona imenujeta Peter in Antoinette, torej sta en moški in drugi samica.

Ko nastaneta, fotona izgineta v dve nasprotni smeri, vsak zase. Za zdaj je edina vez, ki jo pripisujemo obema fotonoma, ta, da sta bila rojena iz istega očeta (ali matere, če želite) elektrona. Torej naj bi bili "v sorodu".

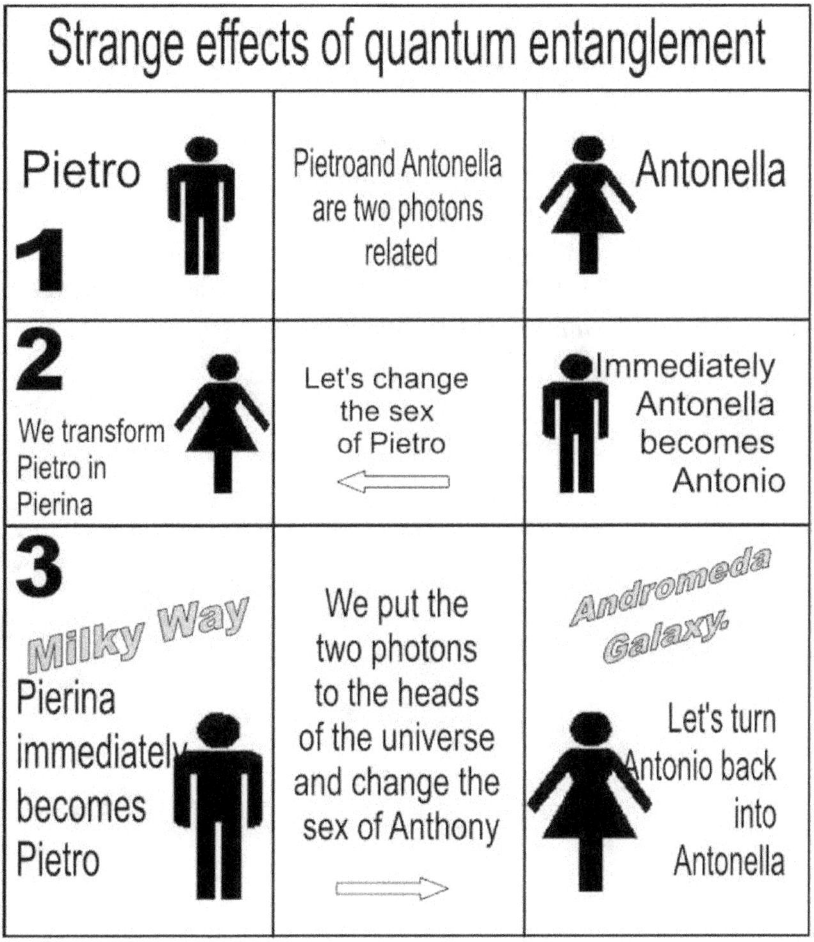
Strange effects of quantum entanglement
Pietro
1
Pietroand Antonella are two photons related
Antonella
2
We transform Pietro in Pierina
Let's change the sex of Pietro
Immediately Antonella becomes Antonio
3
Milky Way
Pierina immediatel becomes Pietro
We put the two photons to the heads of the universe and change the sex of Anthony
Andromeda Galaxy.
Let's turn Antonio back into Antonella

Slika 35. Dva sorodna fotona, tudi če ju ločujeta ogromni razdalji, se še naprej obnašata, kot da bi bila eno. To potrjuje nelokalnost realnosti, imenovano »zapletenost«, ki ni predmet časovnih in prostorskih pravil.

1 Pietro in Antonella sta dva sorodna fotona

2 Spremenimo spol Pietra, ki postane Pierina. Antonella takoj spremeni spol in postane Antonio.

3 Dva fotona postavimo na skrajni konec vesolja in Antoniju spremenimo spol. Antonio postane Antonella. Istočasno na drugem koncu vesolja Pierina spremeni spol in postane Pietro.

Kaj se zgodi, če naredimo, da Pietro spremeni spol, tako da postane Pierina?

Antonietta takoj spremeni tudi spol in postane Antonio!

Morda si mislite: Elementarno, Antonietta je bila zelo blizu Pietra, zato je to opazila in kot odziv na šok spremenila tudi svoj spol.

Toda če ponovimo poskus, da Pierina ostane tukaj in človeka Antonia preseli na drugi konec sveta, se zgodi isto.

Potem lahko opazovalec ugovarja:

- Če pa je bil Antonio na drugem koncu sveta, bo spremembo opazil šele po določenem času.

Napačno. Antonio istočasno s Pierino spreminja spol. Zamude ni. Ni pomembno, na kakšni razdalji se nahajajo v vesolju. (Glej sliko 35).

Promiskuivne navade zapletenih fotonov.

Predstavljajmo si zdaj, da mora Pietro na službeno pot. Antonietto bo pustil doma samega. Na svoji poti sreča Luigino, ki je del drugega para. Pravzaprav je Luigina "zapletena" z Marcom.

Kot se zgodi, je hkrati tudi Marco zelo daleč od Luigine. (Glej sliko 36). To bo sočutje, bo razdalja, Pietro in Luigina se bosta "zapletla" med seboj.

Mislite, da bosta Antonella in Marco trpela zaradi izdaje in se jezila zaradi ljubosumja? Sploh ne. Antonella se takoj "zaplete" v Marca, čeprav ga v življenju še ni videla.

Torej, če spremenimo Antonellin spol tako, da postane Antonio, tudi Marco postane Marcella, Pietro postane Pierina in Luigina postane Luigi.

Zapleteno? Verjetno da, ampak tako delujejo stvari med delci.

Na srečo pravite, da se to zgodi le med obema sorodnima delcema. Seveda, ampak v resnici so vsi delci vesolja povezani, saj vsi izvirajo iz istega velikega poka.

Zato je v ne-lokalnem vesolju vse eno, nič ni neodvisno. Vsi smo povezani s celotnim vesoljem. Na nelokalni ravni ni ovir za znanje ali časovnih ovir. V ne-lokalnem je hkrati na voljo vse znanje vesolja.

Potopljeni smo v to univerzalno znanje in smo del njega. Redko se zgodi, da drobtine tega znanja zdrsnejo iz ne-lokalnega v naš zavestni um.

Vprašanje, ki si ga mnogi zastavijo, je: ali vsi ti delci, ki "spreminjajo spol", povzročajo kakršno koli reakcijo v vesolju? Vsekakor ne.

Kar smo na primer predlagali kot spremembo spola, je pravzaprav sprememba vrtenja, to je inverzija smeri vrtenja.

V katero koli smer se delci vrtijo, ne povzročajo pomembnih učinkov na delovanje vesolja, če se še naprej vrtijo.

Vzpostavili smo nekaj konvencij. Posledično se morajo stvari obrniti v določenem smislu, samo zato, ker smo vajeni, da se obračajo tako. Predstavljajte si kuharja, ki majonezo obrača od desne proti levi, ali drugega kuharja, ki jo obrača od leve proti desni. Mislite, da se bo v končnem rezultatu kaj spremenilo?

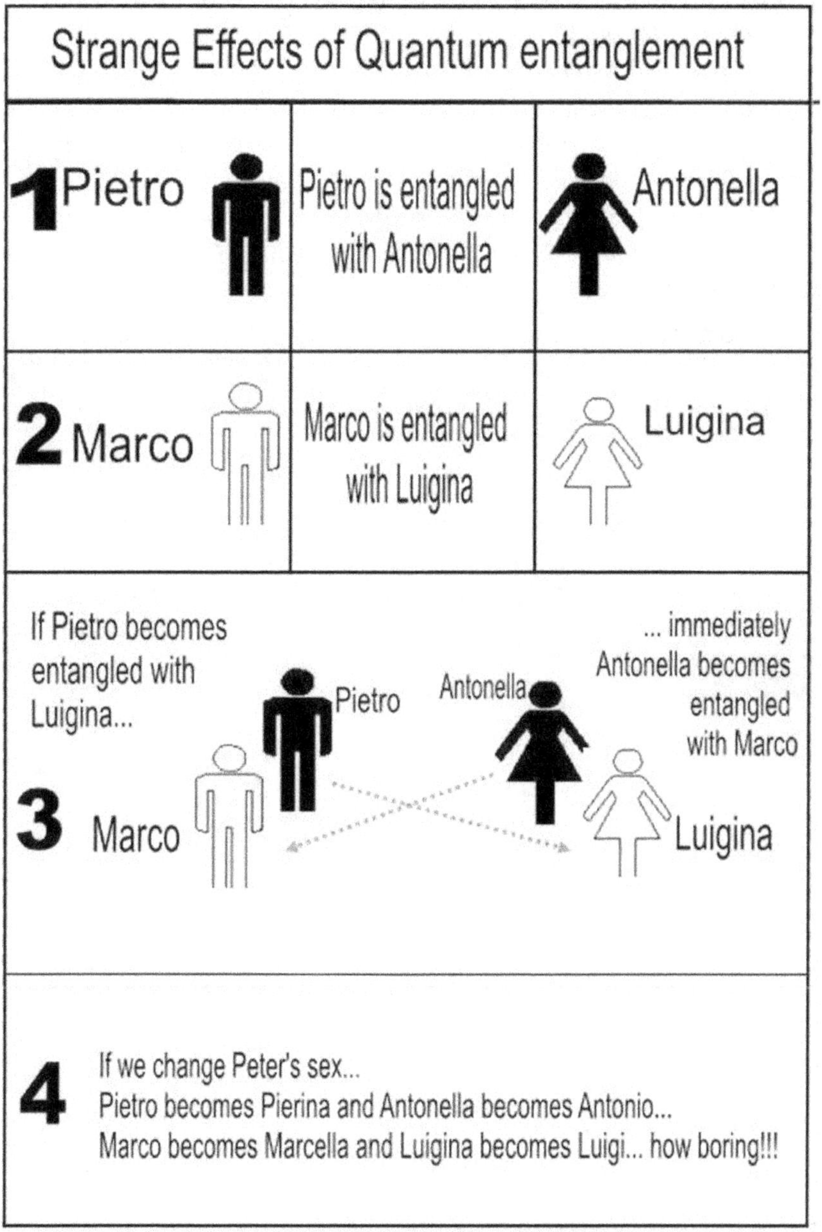
Strange Effects of Quantum entanglement
1 Pietro
Pietro is entangled with Antonella
Antonella
2 Marco
Marco is entangled with Luigina
Luigina
If Pietro becomes entangled with Luigina...
Pietro
Antonella
... immediately Antonella becomes entangled with Marco
3 Marco
Luigina
4 If we change Peter's sex...
Pietro becomes Pierina and Antonella becomes Antonio...
Marco becomes Marcella and Luigina becomes Luigi... how boring!!!

Slika 36. Čudni učinki zapletanja. Preplet med več kot dvema sorodnima fotonoma.

1 Pietro je zapleten z Antonelo

2 Marco je zapleten z Luigino.

3 Če se Peter zaplete z Luigino, se Marco takoj zaplete z Antonelo.

4 Če spremenimo Pietrov spol ... Pietro postane Pierina, Anronella postane Antonio, Marco postane Marcella. Luigina postane Luigi.

Vse jasno?

Če vlada nenadoma odloči, da se kazalci ur obrnejo v nasprotni smeri urnega kazalca, ali čas teče drugače?

Posledice "kvantne zapletenosti".

Zaplet je tu, a poglejmo, kakšne so posledice. Prvi je ta, da se odstranijo najpomembnejša prepričanja tradicionalne fizike.

1 - "! Kvantno zapletanje" zanika determinizem

"! Kvantno zapletanje" zanika determinizem, to je mehansko delovanje vesolja.
Vzročnost, ki je temeljna lastnost klasične fizike, določa, da se morajo informacije, da bi lahko potovale med dvema telesoma, prenašati s fizičnim medijem.
Poleg tega hitrost sporočila nikoli ne bo presegla hitrosti svetlobe, ki znaša 300.000 kilometrov na sekundo. Toda v zapletenosti ni žic, ki bi povezovale Pietro in Antonelo. Poleg tega se zgodijo v istem trenutku, to pomeni, da informacije potujejo veliko hitreje kot svetloba.

2 - Kvantno zapletanje razstavlja puščico časa

Med dejanjem in njegovim odzivom mora preteči del časa, tudi minimalen čas, kajti najprej se zgodijo dejstva, nato pa posledice. Toda Antonellini odgovori na Pietra (ali obratno) ne trajajo ničesar, temveč se zgodijo v istem trenutku.

3 - V ne-kraju ni prostora in časa

Elementarni delci živijo v dimenziji, v kateri čas in prostor ne obstajata: med seboj sta zapletena onstran prostora in časa.

Kako je to mogoče? Kako Antonella in Pietro opazita spremembo drugega delca, od kod prihaja in kako se oblikuje to znanje?
Eden od odgovorov napoveduje, da sta oba ločena le na videz, vendar ostajata enaka, kot sta bila v elektronu, ki ju je ustvaril.
Ali kljub ločenosti jih združuje en sam velik univerzalni Um, da lahko komunicirajo, kot da bi bili še vedno združeni v elektronu, iz katerega so rojeni. Nimajo dveh ločenih "umov", so pa del istega "uma". Nelokalna raven je velik, edini um vesolja.

The three levels of reality or cosmology of reality.		
1	**2**	**3**
Physical level or physical cosmos.	Quantum level or quantistic cosmos.	Non-local level or psychic cosmos

Level of things subject to the rules of time and space.	Middle Earth. Things subject to non-locality rules.	Level of pure psyche not subject to the rules of time and space.

Slika 37. Tri ravni resničnosti. Glede na eksperimentalne rezultate zapletanja lahko z gotovostjo potrdimo obstoj treh ravni resničnosti. Od teh ravni smo do pred nekaj desetletji poznali le prvo.

1 Fizična raven ali "vesolje iz snovi".

Ta raven mora spoštovati zakone Newtonove fizike.

2 Kvantna raven subatomskih delcev. (Srednji svet). Elementarni delci snovi ne upoštevajo zakonov Newtonove fizike.

3 Stopnja "ne-lokalnosti". Ta raven je povsem psihična in ne upošteva nobenega materialnega zakona.

Šesti del. Izvenčutna zaznavanja.

"Science cannot solve the ultimate mystery
of nature. And that is because, in the last analysis,
we ourselves are a part of the mystery
that we are trying to solve."
(Max Planck, initiator of quantum physics)

»Znanost ne more rešiti najglobljе skrivnosti narave.
In to zato, ker smo navsezadnje tudi sami del skrivnosti
ki ga poskušamo rešiti. "
(Max Planck, pobudnik kvantne fizike)

Ko že govorimo o izvenčutnih zaznavah, lahko postavimo predvsem tri vprašanja:

- Ali res obstajajo?
- Kako se pojavijo?
- Kaj pravzaprav so?

Če upoštevamo vse, kar smo povedali do zdaj, o prvih dveh vprašanjih ne ostane veliko povedati. Očitno je, da izvenčutna zaznavanja resnično obstajajo. Pojavljajo se kot epizode komunikacije med posameznimi vestmi in ne-lokalno ravnjo.

Šesti in sedmi čut.

Že od Aristotelovih časov so nam govorili, da ima človeško telo pet čutil: vid, sluh, dotik, okus, vonj. Ta čutila so tista, ki nam omogočajo, da se fizično povežemo z okoliškim svetom in pridobimo koristne informacije za preživetje.

V ljudski modrosti obstaja tudi "šesti čut". Šesti čut za svoje delo ne potrebuje fizičnih posrednikov (rok, jezika, oči itd.). Vendar to počne zelo dobro. Gre za intuicijo.

Slika 38. Carl Gustav Jung je oblikoval teorijo arhetipov in kolektivnega nezavednega.

Intuicija je tisto bogastvo znanja, ki smo si ga nabrali v svojih življenjskih izkušnjah in nam pogosto uspe nakazati, kaj lahko zaupamo in česa ne. vam omogoča, da se odločite, kaj je treba storiti in kaj ne. Na koncu nam pomaga razumeti, kako čim manj tvegati ob negotovih situacijah.

Večja je naša izkušnja, več intuicije deluje. Zato intuicija, če jo lahko na eni strani štejemo za izredno čutno, ker je ne posreduje noben fizični organ, na drugi strani ni iz dveh dobrih razlogov.

Prvi je, da našemu znanju ne doda neznanega in zunanjega znanja. Preprosteje, predela informacije, ki jih že imamo. Drugi razlog je v tem, da intuicijo posredujejo naši možgani, ki imajo svojo fizično konsistenco

Zato šesti čut racionalno deluje na znanih podatkih.

Namesto tega v naši zavesti deluje "sedmi čut". Ta občutek obdeluje informacije na popolnoma nerazumen in nepredvidljiv način. To so informacije, ki nam še nikoli niso prešle možganov. To pomeni, da nas sedmi čut uvede v resničnost, ki je povsem tuja našemu vsakdanu in našim izkušnjam.

Kozmos.

Izraz "kozmos" v filozofiji pomeni urejen ali harmoničen sistem. Izvor besede je grški kósmos, kar pomeni red. V znanstvenem jeziku kozmos velja za sinonim vesolja.

Kozmologija preučuje materialno strukturo in zakone, ki urejajo vesolje, zasnovano kot urejena celota. Na filozofskem področju ga zanima vesolje glede na prostor, čas in snov.

Kozmologija ima svoj zgodovinski izvor v verskih pripovedih, ki se ukvarjajo s poreklom vseh stvari, in v velikih predmodernih filozofsko-znanstvenih sistemih, kot je Ptolemajev sistem.

Sodobna astronomska kozmologija pa je znanost, ki preučuje vesolje kot celoto, njegov izvor in njegov razvoj. V tem smislu je tesno povezan s filozofsko kozmologijo, vendar teži k popravljanju številnih metafizičnih ali religioznih teorij o izvoru sveta.

Kozmologija je trenutno fizikalna veda, v kateri se zbližujejo različne discipline, kot so astronomija, astrofizika, fizika delcev in splošna relativnost.

V tej knjigi govorimo o kozmosu tako, da v tem izrazu združimo sklop vseh resničnosti:

- vidno vesolje (fizični kozmos)
- raven osnovnih delcev (kvantni kozmos)
- raven nelokalnosti (psihični kozmos).

Opredelitev ekstrasenzoričnega zaznavanja.

Izraz sedmi čut lahko dobro opredeli nekatere lastnosti, ki so bolj znanstveno znane kot ekstrasenzorične zaznave ali ESP (okrajšava za Extra Sensory Perception). To so:

Napredno znanje ali sposobnost predvidevanja prihodnosti.

Jasnovidnost ali sposobnost vizualnega zaznavanja stvari, ki običajno niso vidne.

Telepatija ali sposobnost komuniciranja s prenosom misli.

Področje preučevanja zunajčutnih zaznav se običajno imenuje parapsihologija.

Te sposobnosti so pogosto obravnavane kot "informacije, ki tečejo od zunaj do notranjosti uma".

Druga vrsta ESP, telekineza, velja za "informacije, ki tečejo ven iz uma".

Pravzaprav je telekineza sestavljena iz sposobnosti vpliva na snov s silo uma in se izraža s fizičnimi pojavi, od levitacije do bilokacije do upogibanja kovinskih predmetov, do teleportacije in potovanja skozi čas.

Kar zadeva predznanje, jasnovidnost in telepatijo, so bile izvedene številne študije, zlasti v 19. in 20. stoletju, da bi preverili njihovo ujemanje z resničnostjo. Najbolj priljubljena eksperimentalna metoda preverjanja je bil tako imenovani ganzfeldov poskus.

Poskus ganzfelda.

"Ganzfeld" je nemški izraz, ki pomeni "enotno polje". Ta izraz je leta 1930 skoval Wolfgang Metzer, nemški psiholog in eden od ustanoviteljev berlinske šole Gestalt. Označuje zaznavno polje, zgrajeno z eksperimentalnimi metodami, da ustvari optimalne pogoje za preučevanje izvenčutnih zaznav.

V enem ganzfeldskem eksperimentu ima preskušanec slušalke čez ušesa, na vsakem očesu pa polovico žoge za namizni tenis. Iz slušalk prihaja bel šum. Pred obraz je nameščena intenzivna rdeča luč, ki filtrira skozi ping pong kroglice. Na ta način želimo zagotoviti izolacijo pred morebitnimi zunanjimi motnjami.

Po določenem času, preživetem v tem stanju, se poskuša osebi prenašati slike z ekstrasenzornim kanalom, na primer prek telepatije.

Medtem ko se oseba, ki se nahaja na drugem kraju, osredotoča na sliko, ki jo bo poslala, oseba, ki prejme, opisuje, kaj vidi v mislih.

Na koncu poskusa prenosa režiser subjektu pokaže štiri slike in ga prosi, da označi tisto, ki je najbližja prejeti sliki. (Glej sliko 39).

V teh primerih bi bila statistična stopnja uspešnosti 25-odstotna (ena na štirikrat). Če je torej prejemnik v 25% primerov uganil sliko, je rezultat enak statističnemu povprečju in poskus ni uspel.

CICAP (italijanski odbor za nadzor trditev o psevdoznanosti) v zvezi s temi poskusi na svoji spletni strani piše:

> "In the first ganzfeld experiments the success rate was 33-34%. We then found ourselves faced with a statistical anomaly which, according to some, proves the existence of non-normal channels of information communication"

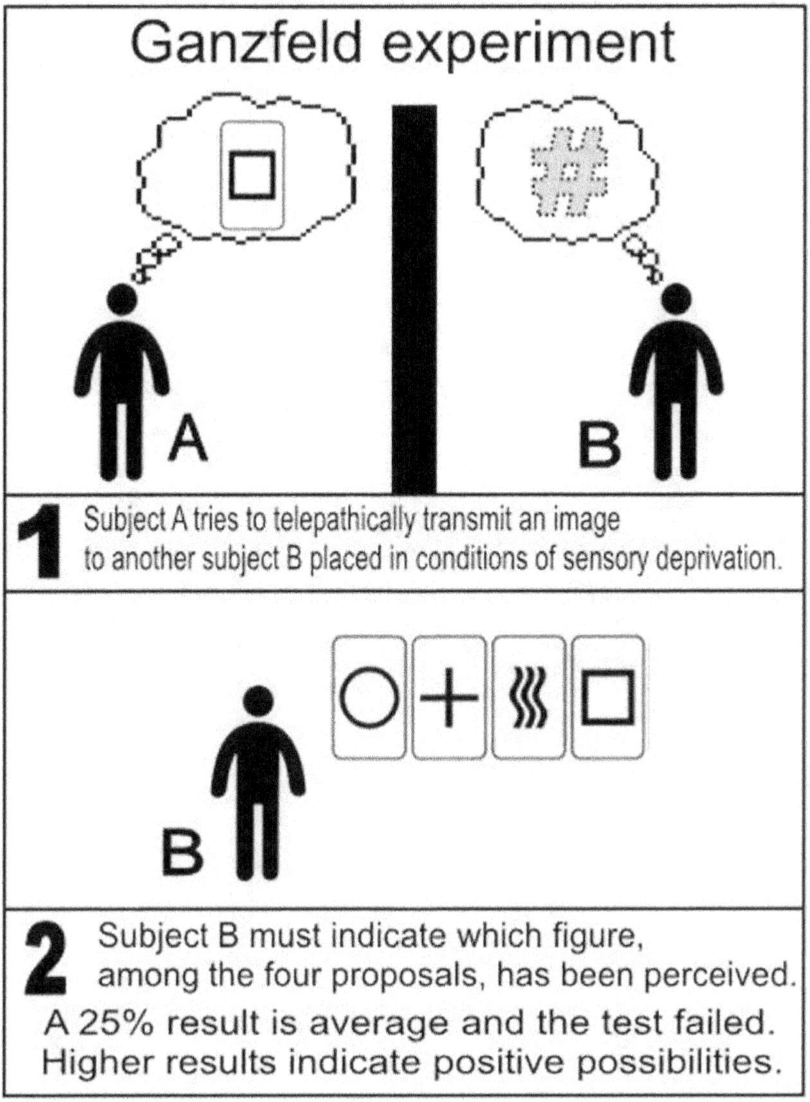
Ganzfeld experiment
A
B
1
Subject A tries to telepathically transmit an image
to another subject B placed in conditions of sensory deprivation.
B
2
Subject B must indicate which figure,
among the four proposals, has been perceived.
A 25% result is average and the test failed.
Higher results indicate positive possibilities.

Slika 39. Diagram poteka tipičnega ganzfeldovega poskusa.
1- Prostovoljec A skuša telepatsko poslati sliko prostovoljcu B. Prostovoljca sta nameščena v različnih sobah. Na voljo so štiri slike.
2 - Prostovoljec B mora navesti, katero sliko je zaznal. Povprečni rezultat mora biti 25%. Preizkus je uspešen le, če je rezultat večji od 25%.

»V prvih poskusih ganzfelda je bila uspešnost 33-34%. Zato smo se soočili s statistično anomalijo, ki po mnenju nekaterih dokazuje obstoj ne "običajnih" kanalov informacijske komunikacije. ".

Leta 1994 sta Bern in Honorton objavila članek z naslovom "Ali obstaja ekstrasenzorična percepcija? Ponovljiv test nenormalnega postopka prenosa informacij ".

Te sklepe so pozneje močno kritizirali drugi znanstveniki.

Dejansko je v vseh poskusih, ki zadevajo psihično področje, vedno problem ponovljivosti. To je odvisno od dejstva, da čustvenost odigra svojo vlogo na odločilen način, kot smo že videli v 9. poglavju.

Vsakemu stiku z nelokalnim je naklonjeno posebno stresno stanje ali kritični trenutki v življenju. Vemo, da so pojavi telepatije absolutno pogostejši med ljudmi, ki jih povezujejo močne prijateljske ali sorodstvene vezi, ki dosežejo vrhunec med materami in otroki.

Namesto tega v poskusih pogosto neznane ljudi prosijo, naj "hladno" delijo slike, ki so običajno brez čustvenega pomena.

Druga težava izhaja iz navade in odvisnosti. Ljudje, ki nenehno ponavljajo isti poskus, se počutijo vse manj vključene. To pomeni, da se ljudje na koncu prepustijo dolgčasu.

Telepatija.

Telepatija, imenovana tudi prenos misli, je zmožnost komuniciranja z umom brez uporabe drugih orodij ali naprav, ki ustvarjajo fizično povezavo med vpletenimi ljudmi. Izraz izvira iz dveh grških besed. Prvi je "tele", kar pomeni oddaljeno. Drugi je "patheia", kar pomeni občutek, zaznavanje.

V bistvu telepatija pomeni, da lahko dve fizično ločeni osebi stopita drug z drugim v stik. To se zgodi ne glede na razdaljo ali okoliščine.

Materialistična znanost močno oporeka tej sposobnosti deljenja čustev in občutkov na daljavo. Pravzaprav je telepatija v nasprotju s predpostavko, da nič ne obstaja zunaj možganov: misli, čustva, želje in vse psihično se rodi v lobanji in umre na istem mestu.

Po materialistični znanosti ni "misli", ki bi lahko plapolala iz enih možganov v druge. Vsaka izkušnja telepatije se v najbolj dobronamernem primeru šteje za iluzijo. Če je nekdo priča epizodam telepatije, ga pogosto obravnavajo kot žrtev shizoidnih osebnostnih motenj.

Kljub temu mnogi trdijo, da so imeli telepatske izkušnje. V različnih raziskavah, opravljenih v ZDA ali Združenem kraljestvu, od 40 do 60 % anketirancev pravi, da so imeli osebne telepatske izkušnje.

Zdi se, da obstajata dve vrsti telepatije. Prva vrsta je tista, ki se zgodi med fizično bližnjimi ljudmi, ki se poznajo in že medsebojno delujejo. Gre za klasičen primer, ko eden drugemu reče: "Brite mi misli", kar pomeni, da je bil njen namen popolnoma razumljen in dešifriran.

Drugi primer se nanaša na dve osebi, ki sta fizično oddaljena. Pojavi se, ko eden sliši "klic" drugega. Ta klic je lahko misel, ki jih veže, ali njena podoba. Včasih pride do klica tako, da se zasliši glas klicatelja. To se večinoma zgodi med ljudmi, ki so tesno povezani, še posebej, ko se kažejo razmere potrebe ali nevarnosti.

Poskusi Josepha Rhinea.

Klasični poskusi telepatije se izvajajo z risbami. Oseba, nameščena v izolirani sobi, izbere predmet in ga naredi skico. Nato se osredotoči na posredovanje proizvedene figure prejemnici, ki je postavljena v drugo sobo.

Ta druga oseba poskuša prejeti in ponoviti figuro, ki mu je bila poslana. Na koncu se slike primerjajo, da se prepoznajo vsi skupni vidiki.

Prve študije o telepatiji je izvedlo Britansko društvo za psihične raziskave v poznih 1800-ih.

Leta 1930 je bil na univerzi Duke v Durhamu v ZDA ustanovljen prvi parapsihološki laboratorij, v katerem je eksperimente z Zenerjevimi kartami izvajal dobro znani Joseph Rhine.

Rhine je bil prvi, ki je uporabil eksperimentalne in statistične metode pri iskanju obstoja prenosa iz uma v um ali telepatije, ki jo je imenoval ekstračutna percepcija. Zagotovo je eden od pionirjev parapsihologije.

Zener karte so posebna vrsta kart, ki jih je zasnoval Karl Zener, psiholog, ki jih uporablja Joseph Rhine pri svojih poskusih.

Krov je sestavljen iz 25 pravokotnih kart, kot so običajne igralne karte. Razdeljeni so v pet skupin z znakom: krog, križ, kvadrat, zvezda in val. Krov vključuje 5 enakih skupin. (Glej sliko 40).

Poskus Josepha Rhinea je temeljil na dveh osebah. Ena je prosila drugo, naj ugane karto, ki jo vleče iz krova. V poskusih s prepoznavanjem nobeden od njiju ni poznal kartice, ki je ostala obrnjena na hrbtni strani

Namesto tega je v telepatskih poskusih prvi od subjektov videl, za katero kartico gre, in jo poskušal miselno prenesti na drugo osebo.

Seveda sta bili dve osebi nameščeni v različne sobe.

V skladu s statistično hipotezo in v skladu z zakonom velikih števil mora biti verjetnost uganjanja karte v krovu približno 20 % (1 proti 5)..

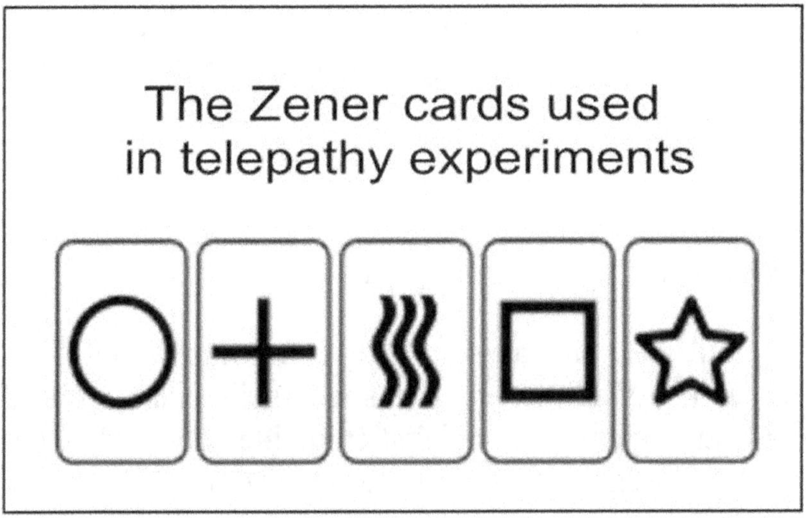

Slika 40. Zenerjeve karte, uporabljene v številnih poskusih na parapsihološkem področju. To je serija petih simbolov, ki se ponovijo petkrat, skupaj 25 kart.

Je pa Joseph Rhine dosegel bistveno večja odstopanja od tega odstotka. Rezultati njegovih raziskav so bili objavljeni leta 1940 v knjigi, znani kot ESP-60, ki jo je univerza Harward sprejela kot učbenik za tečaje psihologije.

Eksperimenti Uptona Sinclairja.

Upton Beall Sinclair se je rodil v Baltimoru leta 1878. Ker je živel sredi nenehnih gospodarskih stisk, je bil od mladosti potisnjen k socialističnim idealom. Odmeven uspeh je dosegel s svojim romanom "Džungla", ki govori o škandaloznem položaju delavcev na živinorejskih tržnicah v Chicagu.

Knjigo je komentiral Jack London "zgodba o koči strica Toma se ponavlja". Recenziral jo je Churchill in prejel besede toplega občudovanja od Bernarda Shawa.

Leta 1930 je skupaj s svojo drugo ženo Mary Craig Sinclair izvajal parapsihološke eksperimente o podvajanju slik s telepatsko komunikacijo.

V svoji knjigi Mental Radio (glej sliko 41) opisuje izvedene poskuse. Njegova knjiga je doživela velik uspeh. Nemška izdaja je vključevala predgovor, ki ga je napisal Albert Einstein, ki je izgledal takole:

> I have read the book of Upton Sinclair with great interest and am convinced that the same deserves the most earnest consideration, not only of the laity, but also of the

Slika 41. Upton Sinclair in naslovnica njegove knjige Mental Radio, ki je izšla leta 1930 s predgovorom Alberta Einsteina.

"psychologists by profession. The results of the telepathic experiments carefully and plainly set forth in this book stand surely far beyond those which a nature investigator holds to be thinkable. On the other hand, it is out of the question in the case of so conscientious an observer and writer as Upton Sinclair that he is carrying on a conscious deception of the reading world; his good faith and dependability are not to be doubted. So, if somehow the facts here set forth rest not upon telepathy, but upon some unconscious hypnotic influence from person to person, this also would be of high psychological interest. In no case should the psychologically interested circles pass over this book heedlessly".

»Knjigo Uptona Sinclairja sem prebral z velikim zanimanjem in sem prepričan, da si zasluži najvišjo spoštovanje ne le laikov, ampak tudi profesionalnih psihologov.
Rezultati telepatskih eksperimentov, ki so natančno in jasno razloženi v tej knjigi, zagotovo presegajo tisto, kar bi si znanstvenik lahko mislil. Po drugi strani pa ni možnosti, da bi resen pisatelj, kot je Sinclair, namerno zavajal v svoji interpretaciji sveta.
O njegovi dobri veri in zanesljivosti ni mogoče dvomiti. Če torej dejstva, ki jih razlaga, ne temeljijo na telepatiji, temveč na nekem hipnotičnem vplivu, ki ga človek do človeka ne pozna, bi bilo to še vedno zelo psihološko zanimivo. Krogi, ki jih zanima psihologija, tega besedila nikakor ne bi smeli prezreti.".

Teh nekaj Einsteinovih besed je zelo jasen primer, kaj lahko znanstvenika z bistrim umom loči od množice povprečnih umov. Einsteina sta vedno vzbujala globoka

Slika 42. René Warcollier, francoski inženir in parapsiholog, in naslovnica njegove uspešne knjige "Mind to Mind" o njegovih telepatskih poskusih, ki je bila objavljena leta 1948, a je še danes ponatisnjena.

radovednost in žeja po znanju. Ničesar ni izključeval a priori, v vsakem primeru pa ni opustil raziskovanja, eksperimentiranja.

To ga je pripeljalo do tega, da je razvil teorije, kot je relativnost, ki si jih nihče ni predstavljal in v katere ne bi verjel nihče razen nekoga, kot je on, brez predsodkov.

Z istim kriterijem Einstein ni a priori zavrnil implikacij kvantne fizike. Zasnoval je eksperiment EPR, da bi preveril, kako resničen je, celo brez njegovih dvomov.

Poskusi Renéja Warcollierja.

Warcollier se je rodil 8. aprila 1881 v Omonville-la-Rouge v Parizu. Leta 1903 je diplomiral iz kemijskega inženirstva na Ecole Nationale Supérieure de Chimie. Patentiral je različne postopke v zvezi s sintetično proizvodnjo dragih kamnov in ustvaril posebna platna za kinematografsko projekcijo. Aktivno se je zanimal za parapsihologijo, tako zelo, da je bil predsednik Instituta Métapsychique International.

Njegove glavne študije telepatije so vključevale enega ali več "oddajnikov", ki so opazovali sliko, medtem ko je eden ali več "sprejemnikov" poskušalo to reproducirati.

Velik del njegovega dela po letu 1922 je vključeval številne pošiljatelje in prejemnike, razširjene po ozemlju Francije; uporabljal je tudi pošiljatelje in prejemnike, ki se nahajajo v različnih državah, kot so Francija in ZDA ali Francija in Velika Britanija.

Njegova eksperimentalna metoda je bila korak naprej od prejšnjih, saj je uporabljala risbe resničnih predmetov.

Tako je Warcollier zavrgel statistično metodo in poskušal pridobiti neposredne dokaze za telepatijo.

Trdil je, da po njegovih poskusih moški bolje prenašajo misli kot ženske, medtem ko so ženske boljše sprejemnice. Navedel je tudi, da so mlajši bolj občutljivi na duševne vtise kot starejši.

Njegovi poskusi so se osredotočili na to, kako so prejemniki prvotne slike dojemali kot popačene ali deformirane. Warcollier je spoznal, da niso bile posredovane kot cele fotografije, ampak so bile različne komponente figure razdrobljene in pomešane.

To potrjuje moderna nevroznanost, na način, kako možgani zaznavajo in rekonstruirajo vizualne podobe. Po Warcollierju telepatske podobe izhajajo iz nezavednega v zavest in se tukaj obdelujejo kot podobe sanj.

Zato je zaključil, da so telepatsko posredovane slike popačene in manj jasne od tistih, ki jih običajno zaznamo z očmi.

Warcollier je svoje eksperimente opisal v številnih publikacijah, predvsem v 56 člankih revije Revue Métapsychique. Objavljene so bile tudi v njegovih številnih knjigah, vključno z "La Télepathie" (1921) in "La Métapsychique" (1940, 1946) ter zlasti "Mind to Mind", ki je izšla leta 1948. Ta knjiga je še danes ponatisnjena. (Glej sliko 42)..

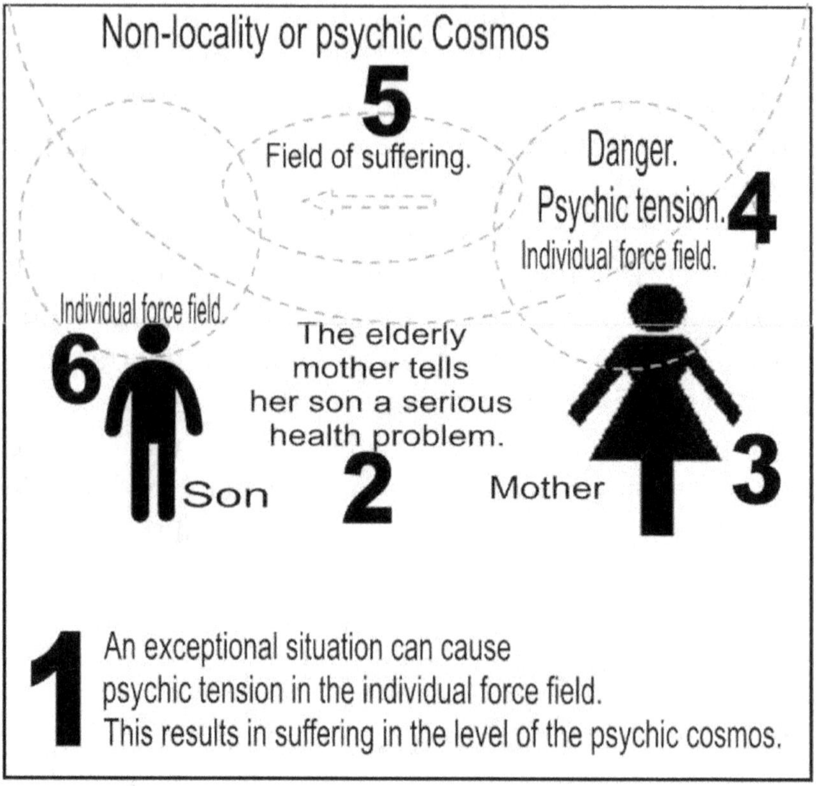

Non-locality or psychic Cosmos
5
Field of suffering.
Danger.
Psychic tension.
4
Individual force field.
Individual force field.
6
The elderly mother tells her son a serious health problem.
Son
2
Mother
3
1
An exceptional situation can cause psychic tension in the individual force field.
This results in suffering in the level of the psychic cosmos.

Slika 43. Kako se telepatija lahko zgodi. Individualno polje sile matere je zaradi potencialno nevarne situacije v napetosti. Trpljenje se ustvarja z individualnim poljem otroka, ki »prejme klic«.

1 Izjemna situacija lahko povzroči napetost v posameznem polju sile. Ta napetost se v psihičnem kozmosu spremeni v trpljenje.

2 Starejša mati svojemu otroku sporoča zdravstveni problem.

3-4 Psihično polje matere je v stanju napetosti

5-6 Preko nelokalnosti se materino polje trpljenja prenaša na otroka.

Kvantna zapletenost in telepatija.

Vsi eksperimenti, ki smo jih opisali, so le nekateri izmed najbolj znanih. Izvajali so jih učenjaki, ki še niso poznali zapletanja.

Potrditev kvantne prepletenosti omogoča vse domneve o nelokalni realnosti, torej o psihičnem kozmosu, v katerem lahko ideje in misli prosto krožijo. Kroženje lahko poteka tudi v obliki telepatskih prenosov.

Lahko si predstavljamo polje sile, povezano z vsako osebo, ki povezuje njihovo fizično realnost, torej njihov um in zavest, s psihičnim kozmosom, kjer lahko pridejo v stik z vsemi silami vesolja.

Bolj ko sta dve osebi povezani, bolj komunicirata njuna polja sile. Te komunikacije, rojene na naši fizični ravni, se nadaljujejo na nelokalni ravni, torej v psihičnem kozmosu.

V vseh poskusih je bilo vedno ugotovljeno, da je fenomen telepatije močnejši, bolj ko je med osebama prijateljska ali sorodstvena vez, največ med materami in otroki.

Na sliki 43 stara mati preživlja težke čase zaradi nesreče ali hude bolezni. Njegovo individualno polje sile, nabito z napetostjo, daje energijo in pošilja alarm v otrokovo individualno polje.

Med obema taboroma je vzpostavljeno polje trpljenja. Otrok resno situacijo dojema kot »klic«, ki ga je mogoče eksplicitno izraziti na različne načine: sliši materin glas, ga vidi, vidi nevarno situacijo v detajlih, vidi simbolno podobo, zaradi katere si predstavlja nevarnost.

Podobna situacija je zelo pogosta tudi med dvojčki.

Veliko je primerov dvojčkov, ki so, čeprav so bili ločeni po rojstvu, v svojem življenju zabeležili neverjetne podobnosti v svojem vedenju. Mnogi menijo, da so to radovedna, a možna naključja.

Kot primer lahko navedem primer dvojčkov iz Ohia (ZDA), Jima Lewisa iz Daytona in Jima Springerja iz Lime, ki sta bila ob rojstvu ločena in se nista poznala. Seznam tekem je pravzaprav zelo bogat. O tem poročata znanstvenika, ki sta se zanimala za primer, Colin Wilson in Damon Wilson v "Veliki knjigi nerešenih skrivnosti".

Oba sta Jima krstila njuna posvojiteljica.

Oba sta imela navado grizeti nohte in sta trpela ali sta trpela zaradi migrene.

Oba sta kadila isto znamko cigaret.

Oba sta imela enako strast do DIY.

Oba sta počitnice preživela na istem območju.

Oba sta svoja otroka imenovala James Allan.

Oba sta imela psa po imenu Toy.

Oba sta delala v McDonald'su, na bencinski črpalki (ne iz iste verige) in kot pomočnika šerifa.

Oba sta se ločila in se ponovno poročila.

Njuna prva in druga žena sta imeli enaka imena (Linda in Betty).

Moje mnenje je, da sta ta dvojčka v svojem življenju še naprej, morda nezavedno, vzdrževala telepatske odnose, zaradi katerih sta sprejela izjemno podobne življenjske odločitve.

Senzorna naključja med dvojčki.

Spletna stran CICAP poroča o primerih senzoričnih naključij med dvojčki in jih opredeljuje kot "odločno presenetljive"

"These are cases, also decidedly sensational, presented both by pairs of twins MZ (*monozygotic*) still joined, and by twins always MZ naturally and voluntarily separated in adulthood. They usually take the form of unusual coincidences in the perception of sensations that seem to derive from experiences that only one of the twins is actually experiencing, but that the other also experiences without apparent reason. This is the case, for example, of the labor pains that appeared prematurely in one of the twins and were also perceived by the other (not pregnant) who was miles away and completely unaware of the event. Like the case of Thelma Furness, who had to face a premature birth while she was in Europe, while her twin in New York Gloria Vanderbilt, totally unaware of the emergency childbirth, felt severe abdominal pains. Or the sudden fall of a twin in conjunction with a similar accident that happened to the other that was several kilometers away. Like the case of Ross Mc Whirter, shot in the head in London on the evening of November 27, 1975, while his brother Norris, an identical twin who was 30 miles away, suffered severe headache at the same time".
(https://www.cicap.org/n/articolo.php?id=273421)

»To so vsekakor senzacionalni primeri, ki jih predstavljajo pari MZ dvojčkov (enozigotnih), ki so še vedno združeni v življenju, pa tudi MZ dvojčki, ločeni v odrasli dobi.
Običajno se kažejo kot občutki, ki jih dejansko doživlja le eden od dvojčkov. Vendar ga tudi drugi doživlja brez očitnega vzroka.
Tako je na primer pri porodnih bolečinah, ki so se pri enem od dvojčkov pojavile prezgodaj in

jih je čutila tudi druga (ni noseča), ki je bila kilometre stran in se popolnoma ne zaveda dogodka.
Kot primer Thelme Furness, ki se je v Evropi soočila s prezgodnjo nosečnostjo in njena dvojčica v New Yorku Gloria Vanderbilt. Gloria, ki se popolnoma ne zaveda prezgodnjega poroda, je imela hude bolečine v trebuhu.
Ali pa nenadna nesreča enega od dvojčkov, medtem ko se podobna nesreča zgodi drugemu dvojčku, ki je oddaljen več kilometrov. Tako kot v primeru Rossa Mc Whirterja, ki je bil ustreljen v glavo v Londonu zvečer 27. novembra 1975, medtem ko je njegov brat Norris, enojajčni dvojček, ki je bil 30 milj stran, prav tako trpel zaradi hudih bolečin v glavi"..

Posameno polje sile.

Koncept posameznega polja sile, citiran na sliki 43, si zasluži nadaljnjo študijo.

Polje sile je sestavljeno iz energije in informacij. Posledično človekovo polje sile vsebuje njegovo energijo in vse informacije, ki se nanašajo na njegov "Ego" in "Jaz".

Ti podatki so njegova zgodba, njegove izkušnje, kaj je bil, kaj je in kaj bo. Energija je komponenta, ki naredi te informacije žive in delujoče. Energija in informacija živega bitja ne bi mogla obstajati, če ta oseba ne bi imela fizičnega telesa.

Pravzaprav informacijo daje preplet, ki povezuje in prepleta v veliko enotnost vse delce, ki so del njegovega trenutnega fizičnega telesa, pa tudi tiste, ki so bili del tega v preteklosti.

Videli smo, kako dva "skupaj rojena" fotona ostajata povezana z vezjo, ki ni fizična, ampak psihična, ki določa takšno vedenje, kot da bi bila eno, tudi če sta ločena.

Ta vez ne velja le za dva delca, ampak za vse delce, ki so se na nek način rodili skupaj ali so v vsakem primeru tesno delili svoje rojstvo in obstoj z drugimi.

Opazili smo, da je vsa snov vesolja, sestavljena iz delcev, ki nastanejo iz začetne eksplozije energije v velikem poku, povezana med seboj, tako da tvorijo anima mundi v nelokalni dimenziji, velik univerzalni um. Ta um je sestavljen iz vseh informacij in vse energije vesolja.

Na najnižji ravni upoštevamo vse delce, ki so bili ali bodo del živega bitja. Ti sestavljajo vse njegove informacije in vso njegovo energijo. Lahko rečemo, da predstavljajo njegovo osebno Anima mundi. Mogoče samo sestavljajo njegovo dušo.

Na sliki 44 je Anima mundi posameznega posameznika, ki ji lahko preprosto rečemo duša, popolnoma osebna, ker vsebuje vse njene informacije in zgodovino. Te so vsebovane v materiji, ki je sestavljala njegovo telo, in jih povezuje preplet, ki ga ni mogoče raztopiti.

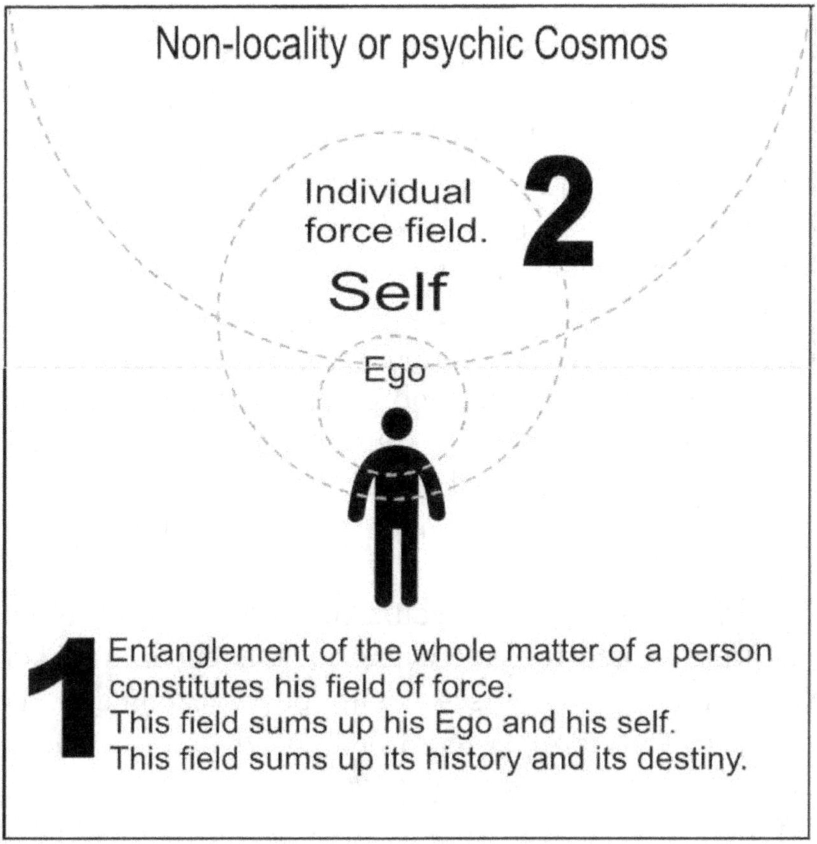

Slika 44. Polje sile katere koli "stvari", sestavljene iz snovi, je del psihičnega kozmosa.

Korelacije (prepletenosti), ki obstajajo v človekovi materiji, tvorijo njegovo polje sile.

To polje sile predstavlja vsoto njegovega "EGA" in njegovega "JAZA". Polje sile je zbirka njegove usode, ki jo sam konstruira s svojimi izbirami.

Vsako bitje sodeluje z več polji.

Z izrazom bitje mislimo na vsako agregacijo snovi z lastno identiteto, bodisi mineralno, rastlinsko ali živalsko. Reka, marjetica ali kobilica, pa tudi človek, obstaja na treh že navedenih ravneh: fizični, kvantni in psihični in sodeluje na vsaki ravni prek tega, kar smo splošno imenovali polja sile, sestavljena iz energij in informacij.

Slika 45 navaja različne vrste polj, v katerih sodeluje vsako bitje. Vsako polje sil se razlikuje kot morfogenetsko polje, morfno polje ali posamezno polje sil. Razume se, da lahko obstaja veliko drugih vrst področij, od katerih so nekatera znana z različnimi imeni, odvisno od avtorjev, ki so jih predlagali, druga pa še neznana.

Morfogenetsko polje vsebuje konstruktivni načrt bitja. Ta projekt predstavlja proces, po katerem se različni kemični elementi, ki sestavljajo bitje, razporedijo na določen način. Projekt mora omogočati razvoj vsakega bitja glede na značilnosti njegove vrste.

To polje je v interakciji s bitji, ko se razvijajo, in nanj lahko vplivajo bitja sama. Gre za neprekinjeno interakcijo. To pojasnjuje mutacije.

Each creature interacts with many force fields.		
1	**2**	**3**
Morphogenetic field.	Morfic field	Individual force field.

Morphogenetic field leads the physical development in the various moments of growth.	Morfic field assures each species the correspondence to the psychological characters of the species.	Individual force field contains the personal story written by the individual himself.

Slika 45. Glavna polja sil, ki spremljajo bitja v njihovem obstoju.

1 Morfogenetsko polje uravnava fizični razvoj v različnih stopnjah rasti.

2 Morfično polje zagotavlja, da je vsak posameznik v skladu s psihološkimi značilnostmi vrste.

3 Posamezno polje sile vsebuje osebno zgodovino, ki jo je napisal posameznik.

Morfično polje vsebuje psihične značilnosti vrste: nagone, težnje, kulturne in duhovne lastnosti. To področje se razlikuje tudi po vrstah in sortah. Vzajemno deluje s posameznimi bitji.

S povečanjem kulturnega razvoja vrste se to povečanje prenaša na naslednje elemente iste vrste. Morfična polja lahko štejemo za podobna arhetipom, saj tudi že obstajajo posamezna bitja in se tudi spreminjajo, ko se vrsta razvija.

Posamezno polje sile vsebuje celotno osebno zgodovino bitja. To se razlikuje od vseh drugih bitij iste vrste. Je zgodba, ki jo gradimo iz dneva v dan glede na variacije zaradi zunanjih dogodkov. V primeru ljudi je to posledica svobodne volje.

Posamezno polje sile je tesno povezano z materialnim delom, torej s telesom bitja. Pravzaprav so številne izkušnje fizične narave, torej so posledica petih čutov.

Pri človeku je jasno, da se nekateri fiziološki procesi večinoma izvajajo nezavedno. Vendar pa večina dejanj izhaja iz osebne izbire. To potrjuje, da so posamezna polja sil za vsako živo bitje različna.

Zaradi teh značilnosti lahko pojem "individualno polje sile" primerjamo s pojmom "duša"".

In kaj se zgodi, ko bitje umre?

Vprašanje, ki si ga lahko zastavimo, je: kaj se zgodi s posameznim poljem sile, ko bitje umre?

Popolnoma nič. Dejansko smrt ne vključuje uničenja materije, ampak le njeno uničenje.

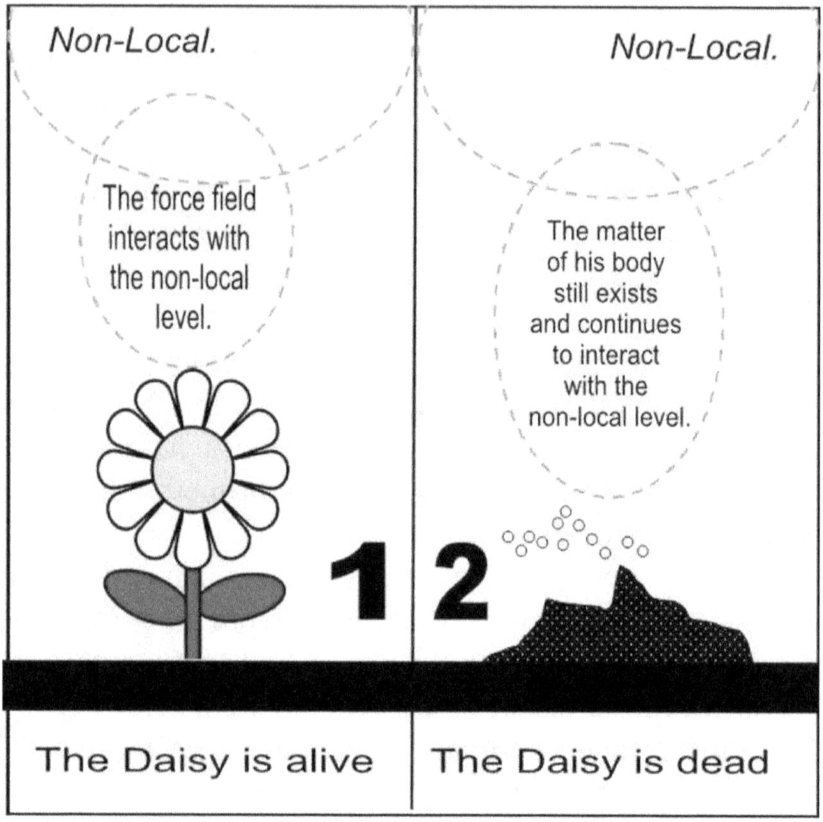

Slika 46. Polje sile bitja ne preneha obstajati, dokler obstaja snov, ki je sestavljala njegovo telo.

1 Marjetica je živa. Polje sile marjetice je v interakciji z ne-lokalno ravnjo.

2 Marjetica je mrtva. Delci v njegovem telesu se preoblikujejo, vendar še naprej delujejo z ne-lokalno ravnjo.

Današnji kozmologi radi rečejo, da smo narejeni iz zvezdnega prahu. Prav zares. Atomi našega telesa bodo lahko postali del drugih teles, a preplet, ki jih je povezal, ne bo prenehal obstajati, tako kot ne preneha obstajati polje sil.

Individualno polje sile ostaja v nelokalnosti, v psihičnem kozmosu, prispeva k obogatitvi v njem vsebovanih idej in s seboj nosi zgodovino tega, kar je bilo s seboj za vedno.

Čudovito je, da lahko vsak atom, vsak delec sodeluje v več poljih sile. To velja tudi, če se ponovno uporabi pri gradnji drugih bitij.

Če je res, da po smrti bitja lahko snov njegovega telesa postane del drugih bitij, je tudi res, da je bila ista snov, ki je del zdaj živega bitja, del drugih bitij v preteklosti.

Nihče nima privilegija "biti čisto nov". Vsi smo izdelani z recikliranjem materiala, ki je bil že uporabljen na milijone ali milijarde krat.

Navsezadnje je enostavno razumeti, kako že tekom našega življenja neskončno število odpadnih produktov našega telesa, kot so odrezani nohti, znoj, aerosoli pri kihanju, postanejo del drugih teles, a se še naprej delijo in vplivajo. na našem silnem polju.

A to nas v vesolju, kjer je vse eno, ne preseneča. Torej, ali je posamezno polje sile bitja nesmrtno?

morda. Vemo, da je materija energija in vsa snov v vesolju izvira iz začetnega naboja energije, ki je eksplodiral v velikem poku.

Možno je, da se bo v nepredstavljivi prihodnosti vsa snov vesolja sesedla nazaj v energijo. Ko se to zgodi, ne bo več stvari.

Verjetno bodo informacije vsakega bitja izginile, ne pa energija, ki se bo vrnila, da bi se pridružila veliki, neznani Energiji, iz katere se je vse začelo.

Kaj bo z dobrim in zlim? Morda bodo silovna polja živih bitij prenesla svoj odtis dobrega in zla v Energijo.

To lahko še vedno ustvari napetost v Energiji, ki bo eksplodirala v novem velikem poku, ki bo ustvaril novo vesolje, v ciklu, ki se bo končal šele, ko bo energija vsa prečiščena in pomirjena. Toda takrat bo res konec.

Znanje o prihodnosti.

Predvidenost je sposobnost poznavanja prihodnosti. Tisti, ki imajo to sposobnost, uspe pridobiti znanje o dogodkih, preden se zgodijo. Vnaprej lahko vidijo kraje, predmete ali ljudi, kakršni bodo v prihodnosti.

Pod tem naslovom lahko združimo številne druge glasove, ki se pogosto uporabljajo drug za drugega, vendar imajo različne pomene.

Predčutje (občutek a priori) je sestavljen iz nejasne intuicije, da se bo nekaj zgodilo, čeprav pogosto ne vemo, kaj. Ni nenavadno, da slutnja vzbudi občutek zaskrbljenosti ali tihega pričakovanja.

Precognicija (a priori vednost) je v tem, da najprej vemo, kaj se bo zgodilo v določeni prihodnosti. V nekem smislu predspoznavanje predstavlja bolj razvito stopnjo kot zgolj slutnja.

Slutnja je vedenje o pojavu, ki se dogaja na daljavo v istem trenutku, ko je zaznano opozorilo.

Slutnja je sestavljena iz čustvenega pojava, povezanega s pridobivanjem prihodnjih dogodkov, na katere smo opozorjeni oziroma smo zasvojeni. Pogosto je to občutek, ki spremlja določeno dejanje, ki se izvaja ali želi izvesti, in nam omogoča, da z gotovostjo ugledamo posledice.

Jasnovidnost (videnje jasno) je miselna vizija dejstev, ki se bodo zgodila v prihodnosti, ko se bodo odvijala, skoraj kot na fotografiji ali filmu.

Tragična pustolovščina na morju.

Leta 1827 je kitolovska ladja Grampus zapustila Nantucket, otok v Združenih državah Amerike. Otok se nahaja 48 km južno od Cape Coda v zvezni državi Massachusetts. Kapitan Barnard je vedel, da je v skladišču skrit slepi potnik, mladi Arthur Gordon, tesen prijatelj njegovega sina Augustusa.

Poleg tega je bil celo kapitan prijatelj Arthurjevega očeta, zato je sprejel prevaro. Dogovor je bil, da bo na odprtem morju prisotnost mladeniča "odkrila", vendar bo ostal na krovu in ga ne bo mogel več izkrcati. S tem je želel mladi Artur skupaj z Avgustom zadovoljiti svojega pustolovskega duha.

Nekaj dni je šlo vse dobro, dokler Arthur ni več prejemal novic ali hrane od prijatelja v svojem skrivališču. Zaskrbljen je odkril, da je na krovu prišlo do upora s krvavimi zgodbami o umorih. Govorilo se je na primer o mornarjih, ki jih je kuhar ubil s sekačem, ker je bil na strani izgrednikov.

Arthurju, njegovemu prijatelju Avgustu in skesanemu uporniku je uspelo upor končati. Žal je neurje močno poškodovalo ladjo, ki je ostala brez krmila.

Trije prijatelji, skupaj z drugim mladeničem po imenu Richard Parker, so morali zapustiti njeno zatočišče na drugi ladji, ki se je po naključju pojavila. Vendar je bila tudi ta ladja zapuščena.

Slika 47. Primer kanibalizma, opisan v "Pustolovščini Arthurja Gordona Pyma" kot ilustracija tistega časa.

Prikrajšani za vodo in hrano, izčrpani so se štirje odločili, da bodo enega od njih žrtvovali, da bi ga drugi pojedli, da bi preživeli. Ime Richarda Parkerja je bilo izvlečeno. Preostali trije so mladeniča takoj ubili in ljudožili. Ti so se pravzaprav rešili sami.

Zgodba, ki sem jo na kratko povedal, je povzetek kratke zgodbe, ki jo je leta 1837 napisal mojster grozljive literature Edgard Allan Poe. Naslov je "Pustolovščine Arthurja Gordona Pyma". Torej je izmišljena zgodba.

Ampak ... ali smo prepričani, da je to res zgodba, ki se nikoli ni zgodila?

Resnična zgodba. Razbitina ladje "Mignonette".

Leta 1883 je imel bogati avstralski odvetnik John Henry Want, ki je bil na obisku v Angliji, imel priložnost obiskati majhno 16-metrsko jahto Mignonette, ki je bila naprodaj. Bil je navdušen nad njim in se odločil, da ga kupi.

Težava je bila priti do Avstralije, saj je bila majhna ladja in zato neprimerna za ta prehod. Z nekaj previdnostmi je bilo odločeno, da jahto zaženejo in to se je zgodilo 19. maja 1884 iz angleškega pristanišča Southampton, s ciljem Sydney.

Posadko so sestavljali štirje ljudje: kapitan Tom Dudley, Edwin Stephens, Edmund Brooks in vozlišče Richard Parker, 17-letni fant brez izkušenj z jadranjem.

Ko so Mignonette našli približno 1600 milj severozahodno od Rta dobrega upanja, jo je zadel plimski

Slika 48. Frontispis angleške izdaje novele Edgarda Allana Poeja.

Slika 49. Jahta Mignonette, majhen 16-metrski čoln, protagonist strašne zgodbe o brodolomu, v ilustraciji časa.

val in se prevrnil. Kmalu je potonila, a je posadki uspelo pobegniti na varno z rešilnim čolnom.

Žal v svoji naglici s seboj niso prinesli nič koristnega za preživetje. Prepuščeni sami sebi sredi oceana so se odločili, da bodo enega od njiju žrtvovali za preživetje drugih. Niso metali žreba.

Kapitan Dudley in mornar Stephens sta se odločila, da bo na vrsti mladi Parker. Namesto tega se je drugi mornar, Brooks, vzdržal. Razlog za izbiro je bil, da je bil Richard Parker bolan in ni imel družine, kamor bi se lahko vrnil.

Trije so bili rešeni zahvaljujoč (neprostovoljnemu) žrtvovanju mladega fanta. Kasneje jih je med 26. in 27. julijem 1884 rešila ladja Montezuma ob obali Ria de Janeira.

Doma so opravili sojenje.

22. decembra 1884 sta bila Dudley in Stephens obsojena na smrtno kazen. Kasneje pa so po splošnem vporu javnega mnenja v prid preživelih kazen znižali na šest mesecev zapora.

.

Literarne vizije prihodnosti

Tako Edgard Allan Poe v svoji fantastični zgodbi o dogodivščinah Arthurja Gordona Pyma, napisani leta 1837, pripoveduje o primeru kanibalizma, ki vključuje po brodolomu mladega fanta po imenu Gordon Parker, ki so ga pojedli ostali trije preživeli.

Neverjetno, leta 1884, 47 let pozneje, se primer res zgodi in mlad fant po imenu Richard Parker, ki je s tremi drugimi pobegnil potopitvi Mignonette, postane hrana za ostale preživele.

Italijanska enciklopedija Treccani tako opredeljuje epizode predvidevanja: "Predominacija je paranormalna informacija, ki se nanaša na pojav prihodnjih dogodkov. Na splošno je to slutnja, znamenje, opozorilni znak."

Ko dobimo občutek, da se bo določeno dejstvo zgodilo, potem pa se to dejansko zgodi, nas pusti zbegani. Kako nam je uspelo tako natančno napovedati dogodek, ki se bo zgodil šele v prihodnosti?

Pravzaprav je slutnja ali predvidevanje mentalna dinamika, ki se osredotoča na dogodek, ki je že vsebovan v nelokalni dimenziji. Številni dogodki, ki so se zgodili v preteklosti ali se bodo zgodili v prihodnosti, se nam lahko nenadoma zdijo zelo jasni v vseh podrobnostih.

V teh primerih se je naša zavest osvobodila pravil časa in prostora, ki veljajo v našem čutnem vesolju, in se uči od univerzalnega Uma. Ta um, ker se nahaja v nelokalni dimenziji, ne pozna fizičnih omejitev. V nelokalnem so vse informacije o vesolju na voljo v kontekstu, ki ne predvideva ne prej, ne po, ne zdaj.

V tem kontekstu kulturna predvidevanja, značilna za tiste, ki so kot pisci, ustvarjalci in učenjaki vajeni delati z možgani, uspejo vstopiti v univerzalno znanje nelokalne ravni. Tu pobira informacije, ki se nam v vsakdanjem življenju morda zdijo kot pričakovanja prihodnjih dogodkov.

Poleg tragedije Richarda Parkerja je veliko drugih primerov kulturnega predvidevanja pisateljev. Ena najbolj znanih je tista, povezana s potopitvijo Titanika..

Futility. Potopitev "Titana"

Morgan Robertson je ameriški pisatelj, rojen v Oswegu leta 1831, znan po svojih zgodbah, ki temeljijo na pomorskih dogodivščinah. Za ta žanr je bil navdušen zaradi svojega porekla, pravzaprav je bil sin Andreja, poveljnika ladij.

Zdi se, da je bil Morgan izumitelj periskopa ali pa je sodeloval pri njegovi realizaciji. Njegova slava pa skoraj v celoti izvira iz zgodbe, ki jo je napisal leta 1898 z naslovom Jalovost. Pripoveduje zgodbo o veliki oceanski ladji, ki se zaradi trka z veliko ledeno goro potopi v Atlantik.

Zaplet zgodbe se osredotoča na protagonista Johna Rowlanda, nekdanjega mornariškega častnika Združenih držav Amerike, alkoholika in degradiranega, ki dela kot mornar na Titanu. Ta ladja neke noči trči v ledeno goro in se potopi, a Johnu z dekletom uspe pobegniti kar na ledeno goro.

Seveda bo John rešen s pomočjo tega dekleta. Zahvaljujoč njej bo rešil težave z alkoholizmom in srečno preživel preostanek življenja.

Vendar nas v tej zgodbi ne zanimajo osebni dogodki Johna Rowlanda, temveč izjemna naključja, ki povezujejo namišljeno potop Titana in resnično potop Titanika. To se je zgodilo leta 1912, torej 14 let pozneje.

Poskusimo našteti vsa naključja med obema brodolomoma.

The New York Times.
TITANIC SINKS FOUR HOURS AFTER HITTING ICEBERG;
866 RESCUED BY CARPATHIA, PROBABLY 1250 PERISH;
ISMAY SAFE, MRS. ASTOR MAYBE, NOTED NAMES MISSING

Slika 50. Potopitev Titanika v naslovu New York Timesa. Na desni strani naslovnica stare italijanske različice novele Morgana Robertsona Jalobnost, ki se je preimenovala v »Bladolom Titana«.

Sorodnost med (fantastičnim) potopom Titana in (resničnim) potopom Titanika, ki se je zgodil po 14 letih.

Ime.
Ena ladja se je imenovala Titan, druga Titanik.
Žrtve brodoloma.
Oba brodoloma povzročita na tisoče žrtev.
Vzrok za brodolom.
Obe ladji potoneta zaradi trka z ledeno goro.
Točka udarca.
Oba sta zadela ledeno goro na desni strani.
Kraj brodoloma.
V obeh primerih se brodolom zgodi približno 400 milj od Nove Fundlandije.
Hitrost v trenutku udarca.
Oba sta potovala s podobno hitrostjo. (25 vozlov Titan, 22,5 vozlov Titanik).
Vzdevek.
Obe ladji sta bili opisani kot "nepotopljivi".
Pogon.
Oba sta bila tripropelerska in sta imela dve gredi.
Dimenzije.
Titan je bil dolg 244 metrov, Titanik malo več, 269.
Rešilni čolni.
Oba sta imela premalo rešilnih čolnov za vse popotnike.
Odhod dveh ladij
Oba sta odšla aprila
Navigacijska pot ..

Oba sta bila na poti iz Združenega kraljestva v New York..

Povedati je treba, da je bila po dejanski brodolomu zgodba ponovno objavljena s spremembami, da bi postala bolj podobna realnosti, vendar so analogije, ki jih tukaj poročam, povezane s prvo različico.
Izjemno je, da CICAP zadevo odpravi z navedbo, da si je avtor zelo enostavno predstavljal zgodbo o potopitvi velike ladje, saj jih je bilo toliko v obtoku. Ne komentiramo.

Napovedovanje dogodkov

Vsak od nas je v nekem trenutku svojega življenja imel neko slutnjo. Pogosto slutnje spremljajo fizični občutki, kot so mrzlica, kurja koža, pa tudi "metulji v trebuhu".

Raziskovalec z univerze Columbia v New Yorku trdi, da želodec dejansko gosti veliko mrežo živčnih celic, ki so nenehno povezane s čustvenim delom možganov. Očitno je, da čustveno polje sile, ki ga ustvari slutnja, stimulira tudi želodec, tako da je čustvo zaznavno tudi smiselno.

Slutnje so zelo pogoste in pogosto ljudem rešujejo življenja.

Leta 1956 je ameriški inženir William Edward Cox objavil članek z naslovom "Precognition. Analiza, ki vsebuje poročilo o njegovi raziskavi o predznanju.

V praksi je Cox izvedel študijo, v kateri je primerjal število potnikov na vlakih, ki so vozili običajne vožnje, s številom potnikov na 28 vlakih, ki so bili udeleženi v nesrečah.

Primerjava je pokazala občutno zmanjšanje števila potnikov na vlakih, ki so utrpeli nesreče. Namesto tega je bilo število potnikov na istih vlakih, ki so potovali brez incidentov, konstantno. (Glej sliko 51).

Cox je objavil na desetine člankov in raziskav o parapsihologiji in je delal v laboratoriju za parapsihologijo Univerze Duke v Durhamu v Severni

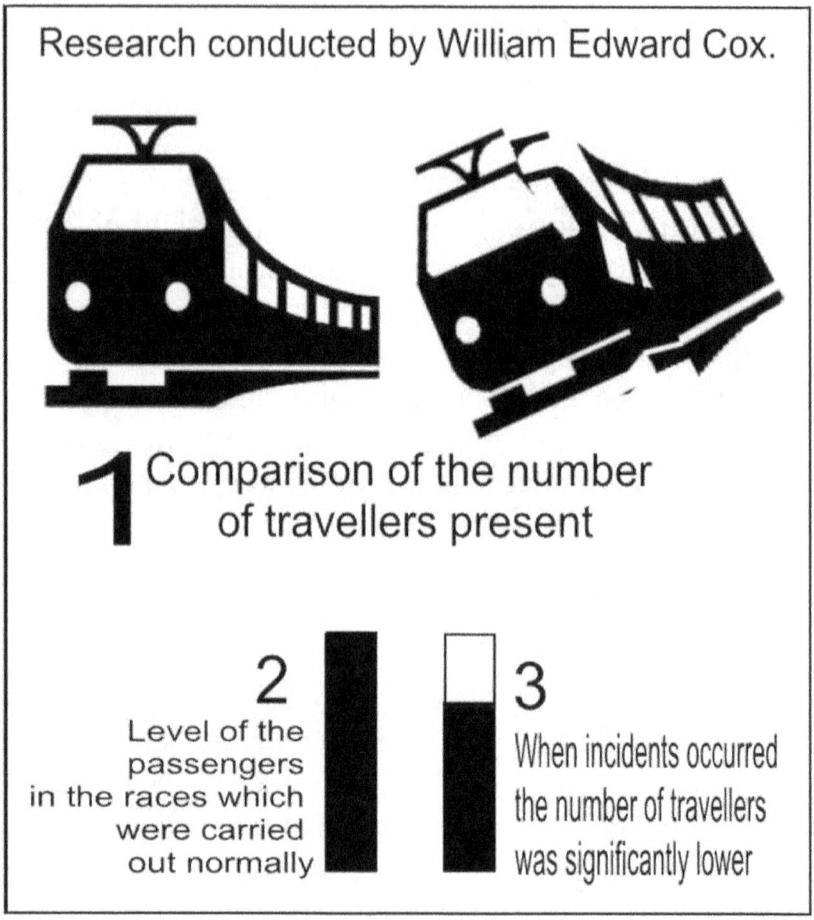

Slika 51 Raziskava Williama Edwarda Coxa, ki je naredil primerjavo med številom potnikov na vlakih na določenih železniških odsekih. V primerih nesreč je bilo število potnikov bistveno manjše.

1 Primerjava števila prisotnih popotnikov.

2 Število potnikov na vlakih, ki niso utrpeli nesreč.

3 Število potnikov na istih vlakih v dneh, ko so se zgodile nesreče.

Karolini, tako da ni bil improvizator, ampak izkušen eksperimentator. Umrl je leta 1994.

Nekateri učenjaki trdijo, da slutnje niso nič drugega kot manifestacija intuicije. Kot smo že omenili, intuicija ni ekstrasenzorno zaznavanje, ker črpa iz znanja, ki ga že ima, in ga obdeluje, da dobi indikacije vedenja.

Vsekakor obstaja vzročna povezava med intuitivnimi reakcijami in znanjem, ki ga že imate. V slutnji pa ni vzročne zveze.

Tudi če nam izkušnje povedo, da bo vlak prej ali slej imel nesrečo, nam ne morejo povedati, da jo bo imel tisti dan prav ta vlak.

Eksperimenti Deana Radina.

Dean Radin je psiholog, direktor Laboratorija za raziskave zavesti na Univerzi v Nevadi v Las Vegasu.

Spada med parapsihologe s solidnim znanstvenim ozadjem in delujejo v prestižnih strukturah, kot so univerze ali drugi raziskovalni centri.

Sredi 90. let je Radin skupaj s svojimi sodelavci začel cikel eksperimentov, katerih cilj je bil preveriti slutnje.

V tipičnem poskusu so izmerili čustveno vznemirjenje subjektov, ki so bili podvrženi testu. V ta namen smo s posebnimi instrumenti s pomočjo elektrod, povezanih s prsti, merili variacije v odpornosti kože. Bolj ali manj tako kot pri testu detektorja laži.

Osnovno načelo je, da se ob spremembi čustvenega stanja človeka spreminja tudi aktivnost njegovih žlez znojnic in posledično tudi električna aktivnost kože. Med

Experiments by Dean Radin

1 To Volunteers Images from the pacific or shocking content are shown.

2

Quiet pictures.
The reaction occurs 2-3 seconds AFTER viewing the image.

3

Highly emotional images.
The test reaction is two or three milliseconds BEFORE the image is vision.

Slika 52. V poskusih Deana Radina so subjekti, ki jih je nadzorovala elektronska oprema, lahko zaznali prihod šokantnih podob, preden so se pojavile na zaslonu.

1 Prostovoljci si ogledajo nekaj slik pomirjujoče ali šokantne vsebine.

2 V primeru slik s pomirjujočo vsebino se prostovoljci odzovejo 2 ali 3 sekunde po ogledu-

3 V primeru slik s travmatično vsebino se prostovoljci odzovejo 2 ali tri milisekunde pred prikazom slike.

testom so bili subjekti podvrženi dovolj "čustvenemu stresu", ki je povzročil pomembne spremembe v znojnih žlezah.

Da bi to dosegli, so bili izpostavljeni majhnim električnim šokom, nenadnim in neprijetnim vonjavam. Pogosteje so jim bile prikazane slike.

Fotografije pokrajin ali nasmejanih otrok so se izmenjevale s fotografijami trupel med obdukcijo ali prometnih nesreč ali z zelo pornografsko vsebino. Seveda so se slike nenadoma pojavile na zaslonu. (Glej sliko 52).

Med različnimi sejami eksperimenta so Radin in njegovi sodelavci opazili, da so subjekti, ko so videli slike z vedro vsebino, ohranili svoj duševni mir.

Ko so se po drugi strani prikazovale slike z močnim čustvenim nabojem, so preiskovanci močno reagirali, kar so lahko zaznali povezani instrumenti.

Zaenkrat vse dobro, kje je presenečenje?

Presenečenje je v reakcijskih časih. Z merjenjem reakcijskih časov na močne slike v milisekundah je bilo ugotovljeno, da se čustveno stanje spreminja nekaj milisekund, PREDEN se je slika pojavila. Zgodilo se je tako, kot da bi podzavest subjektov vnaprej vedela, da je prihajajoča slika zelo čustvena.

Vizija prihodnjih katastrof.

Pričevanj v zvezi z napovedovanjem katastrof je nešteto. Spomnimo se predvsem enega primera, plazu, ki je 21. oktobra 1966 potopil rudarsko vas Aberfan v Walesu.

Plaz več kot 150.000 kubičnih metrov odpadkov pri pridobivanju premoga, ki ga je povzročilo vztrajno deževje preteklih dni, je mesto zasulo ob 9.15. V času, ko so bili vsi učenci prisotni, je gora naplavin zadela tudi šolo

Če bi se to zgodilo eno uro prej, bi bila šola prazna. Med 144 žrtvami je bilo 128 otrok.

V svoji knjigi "Razširjeni um" avtor Rupert Sheldrake piše takole:

The psychiatrist J.C. Baker, who worked in the village after the tragedy, discovered that many people had had premonitions.
He investigated 76 cases. Of these, 3 were about dreams. Some dreams were so vivid and horrifying that those who did them would wake up with a start shouting.
Some people felt intense anguish. A ten-year-old girl, Eryl Jones, killed in the tragedy, told her mother two weeks earlier: "Mom, I'm afraid of dying" and added that she would die with her friends

"Psihiater J.C. Baker, ki je po tragediji delal v vasi, je ugotovil, da je veliko ljudi slutilo. Skupaj je preiskoval 76 primerov. Od tega so 3 vključevali sanje. Nekatere sanje so bile žive in grozljive do te mere, da so se nekateri ljudje zbudili kričeči .... Nekateri ljudje so čutili močno tesnobo."
Desetletna deklica Eryl Jones, ki je umrla v tragediji, je svoji materi dva tedna prej rekla: "Mama, bojim se smrti." Deklica je dodala, da bo umrla, medtem ko bo bila s prijatelji. .

Slika 53. Prva pomoč v vasi Aberfan (s strani Londranews.com)

Erylina mama se je spraševala, zakaj je deklica tako govorila. Potem pa je dan prej Eryl rekla svoji mami: "Sanjala sem, da grem v šolo in da šole ni več. V sanjah je nekaj črnega padlo z neba in zdrobilo šolo. Na željo njene matere je bila Eryl pokopana poleg njenih majhnih prijateljev"

Druge vrste predznanja.

Obstajajo tudi druge vrste predznanja, ki niso povezane s tragičnimi dogodki. Na stari fotografiji lahko na primer prepoznate osebo in jo kmalu zatem, še isti ali naslednji dan, spoznate. Včasih, ko pomislite na osebo, lahko prejmete telefonski klic, e-pošto ali pismo.

Obstajajo ljudje, ki vedno vnaprej vedo, kdaj bo nekdo prišel, še posebej, če med obema obstajajo vezi naklonjenosti ali sorodstva.

Očitno tedaj slutnje doživljajo tudi živali. Zdi se, da mnogi znajo napovedati prihod potresov, čeprav ne vemo, ali je to res odvisno od vnaprejšnjega znanja ali posebne občutljivosti, zaradi katere so sposobni zaznati fizične signale, ki jih človek še ni prepoznal.

Opravljeni so bili tudi poskusi na živalih (psih in mačkah), ki "vedo", kdaj lastnik pride domov. Te živali lahko pričakujejo vrnitev, tudi če se zgodi ob različnih časih. To zavedanje manifestirajo z jasno eksplicitnimi stališči, na primer, da stojijo ob vratih in pozdravijo svojega gospodarja takoj, ko pride.

Občutek, da vas nekdo opazuje.

Občutek, da nas nekdo opazuje, je precej pogost, pogosto pa je tudi usmerjen, torej zaznamo smer, iz katere nas nekdo opazuje. Če se ozremo nazaj, lahko vidimo, da je res nekdo, ki gleda na nas.

Hkrati se zelo pogosto zgodi, da smo opazovalci. Iz neznanega razloga strmimo v osebo .. Nenadoma se ta oseba obrne in njegov pogled sreča naš.

Zlo oko in fascinacija.

Zlonamerni pogledi so radovednost človeškega vedenja, ki je bila vedno znana in za katero je vedno značilna negativnost. V knjigi Evil Eye, ki jo je leta 1895 izdal Frederick Thomas Elworthy, trdijo, da ima oko moč, da oddaja silo. Ko ta sila izvira iz očesa zavistnih ali jeznih ljudi, postane zrak zloben.

Dejansko je Elworthy že imel vredne predhodnike. V antiki so verovali v zlo oko pri kulturnih ljudeh, kot so Aristofan, Plutarh in Heliodor. Nekateri Sokratovi kritiki so trdili, da je imel ta veliki filozof zlo oko.

O zlem očesu ne moremo govoriti, ne da bi omenili njegovo nasprotje, fascinacijo. To je sposobnost začarati s pogledom. Fascinacija se pojavi, ko se pozitivno vključimo v predstavo, film ali nekaj, kar pritegne našo pozornost. Pogosto nas očara tudi obnašanje osebe.

Fascinacija se pogosto razlaga kot sprožitev hipnotičnega stanja. Tisti, ki trpijo zaradi tega, se ne morejo odzvati. Najbolj znan primer v naravi je smrtonosna fascinacija kače, ki samo s pogledom imobilizira svojo žrtev.

Manj tragično lahko rečemo, da ima na primer pogled mladiča sposobnost, da nas očara, kot je seveda pogled otroka ali ljubljene osebe.

Projekt "Globalna zavest".

V prejšnjem poglavju, ko sem predstavil eksperimente Deana Radina, sem opozoril na presenetljivo lastnost, ki je iz njih izhajala. Ljudje, ki so bili podvrženi eksperimentu, vnaprej zaznajo videz najmočnejših slik. V teh primerih reagirajo z merljivimi električnimi signali. Odziv se pojavi zgodaj, nekaj milisekund preden se slika prikaže na zaslonu.
Ta pojav pričakovanega dojemanja neprijetnih dogodkov so številni raziskovalci večkrat zabeležili.
Vprašanje, ki bi ga lahko kdo postavil, je: če je mogoče s testiranjem osebe vnaprej napovedati negativne situacije, ali ne bi bilo mogoče s testiranjem prebivalcev mesta napovedati negativne dogodke, ki vplivajo na to mesto?
Po analogiji, če negativni dogodki povzročijo spremembe v zavesti ljudi, preden se zgodijo, ali ne bi bilo mogoče s testiranjem motenj velikega dela prebivalstva napovedati negativne dogodke, ki vplivajo na cele narode ali celine ali na ves planet?

Nekdo je poskusil. Googlov profil stanja razpoloženja (GPMOS)

Skupina računalniških znanstvenikov in statistikov z Univerze v Indiani je skušala utripati utrip kolektivnega razpoloženja z analizo razpoloženja družbenih omrežij, predvsem Twitterja.

Slika 54, Univerza Princeton, ki se nahaja v Princetonu v New Jerseyju, je ena izmed večjih univerz v Ivy League in je priznana kot ena najprestižnejših univerz na svetu. Tu ima sedež projekt Global Consciousness.

Za to so uporabili orodje, ki ga je pripravil Google, "Google Profile of Mood States". Znanstveniki so osem mesecev, od marca do decembra 2008, analizirali razpoloženja, ki jih je zabeležil GPMOS, in jih je šest: sreča, prijaznost, budnost, mir, varnost, vitalnost..
Izbrali so obdobje, v katerem je prevladovalo umirjeno razpoloženje, ga primerjali s trendom na borzi in preverili, da se je, ko je vzorec izrazil to stanje, borza brez presenečenja zaprla z 88-odstotno natančnostjo napovedi.

Nekomu je uspelo. Global Consciousness Project (GCP)

Nekdo drug je poskrbel, da je bil svetovni utrip bolj znanstveno zaznan. Tako je z raziskavo, ki poteka v teku, v okviru projekta, ki sta ga v osemdesetih letih prejšnjega stoletja ustvarila profesorja Robert Jahn in Brenda Dunne z univerze Princeton. Projekt je "Princeton Engineering Anomalies Research".

Ta projekt se je rodil, ko so nam različni eksperimenti omogočili, da si zamislimo, da bi kolektivna globalna zavest res lahko obstajala.

Študije so sestavljene iz preverjanja psihokinetičnih učinkov človeških čustev na nekatere majhne elektronske naprave. To so elektronski generatorji naključnih števil. Tehnično gledano RNG (generator naključnih števil).

Vemo, da so številke lahko lihe ali sode. S tega vidika obstajata dve možnosti. Torej, kot se zgodi pri metanju kovancev, se bo po razumnem številu metov rezultat izenačil (50% -50%).

Prostovoljce so prosili, naj poskusijo miselno vplivati na izid sodih ali lihih številk. Ugotovljeno je bilo, da lahko prostovoljci dejansko ustvarijo zanimive variacije v zvezi s statistiko.

Kasneje je sledilo presenečenje. Raziskovalci so opazili, da so se z umestitvijo generatorjev RNG v dano okolje rezultati pogosto razlikovali od tistih, ki so bili statistično predvidljivi. To se je zgodilo tudi takrat, ko nihče ni poskušal vplivati na rezultate.

Zaključek je bil, da lahko na generatorje RNG vpliva razpoloženje ljudi v njihovem dosegu. Ni bilo treba, da bi poskusili noben prostovoljec. Zdelo se je, da obstaja "zavest skupnosti", ki sodeluje z RNG, glede na prevladujoča razpoloženja.

Poskus so poimenovali "Mega Trial". Nadaljevalo se je s sodelovanjem še dveh raziskovalnih inštitutov, v Freiburgu in Giessnu v Nemčiji.

V naslednjih letih so zanimivi rezultati in večja izpopolnjenost tehnologij omogočili, da so se projektu pridružili številni drugi inštituti (ki so ga poimenovali »Projekt globalne zavesti«).

Številni generatorji naključnih števil so locirani tako rekoč po vsem svetu, od Evrope do ZDA do Rusije in nato tudi na Japonskem, v Braziliji, Kitajski, Južni Ameriki, Avstraliji in Afriki. Skupno je bilo nameščenih okoli 150 močnih generatorjev RNG.

Ti generatorji, ki še vedno delujejo, delujejo brez posredovanja prostovoljcev, ki poskušajo vplivati nanje. Ustvarijo naključna števila (eno ali nič) stokrat na sekundo, naredijo napoved in nato preverijo, ali so pravilno uganili.

Po statističnih podatkih bi se to moralo zgoditi v 50% primerov.

Vendar to ni vedno tako. Pred pojavom množičnih dogodkov velikega pomena so generatorji veliko pogosteje dosegli kvote od povprečja, kot da bi na njihovo normalno delovanje vplivali dogodki, ki se zgodijo kmalu zatem.

RNG-ji so v praksi sposobni zabeležiti pomembno spremembo v kolektivni zavesti skupnosti v njihovem dosegu, kar se odraža v večjem številu natančnih napovedi.

Če dogodek lahko vpliva na celotno celino, bodo vsi generatorji na tej celini doživeli enake spremembe. Potrjuje, da so bili nekaj ur pred napadom na Dvojčka v New Yorku 11. septembra 2001 zabeleženi ogromni vrhovi natančnih napovedi.

Ti vrhovi se še naprej pojavljajo, lokalno ali globalno, v urah, ki vodijo do dogodkov, ki kmalu zatem čustveno vključujejo populacije na dosegu.

Povedati je treba, da na generatorje ne vplivajo le negativni dogodki, ampak tudi pozitivni, kot se je zgodilo ob otvoritvenih slovesnostih olimpijskih iger ali drugih večjih mednarodnih športnih dogodkov.

Težava je le v tem, da nam orodja v večini primerov omogočajo razumevanje, kdaj je človeštvo v napetosti zaradi nečesa, kar se mora zgoditi, ni pa mogoče določiti, kako in kje se bo to zgodilo.

"Projekt globalne zavesti" danes.

V letih 1980 do 2002 se je projektno delo nadaljevalo pod vodstvom prof. Roger D. Nelson, ki je zdaj njen koordinator. Profesor. Nelson je specializiran za preučevanje zavesti in namere ter vloge uma v fizičnem svetu. Njegovo delo združuje znanost in duhovnost. Vključuje raziskovalni model, ki se neposredno osredotoča na številne skupne izkušnje.

Nelson je uporabil tehnologijo RNG za preučevanje učinkov določenih stanj zavesti v človeških skupinah.

To je zdaj sestavljeno iz globalno porazdeljene mreže RNG-jev, ki nenehno pošiljajo podatke na strežnik, ki se nahaja na univerzi Princeton.

Omrežje je bilo zasnovano tako, da beleži znake, da se globalna zavest vznemirja ob večjih svetovnih dogodkih, kot so začetki vojn, naravne katastrofe, večji športni dogodki in velika praznovanja, kot je novo leto.

Primer "Twin Towers" v New Yorku.

Morda najbolj tragičen dogodek, o katerem poroča "Projekt globalne zavesti", je bil tisti, ki se je zgodil v New Yorku 11. septembra 2001, z napadom na stolpa Dvojčka in njihovim propadom.

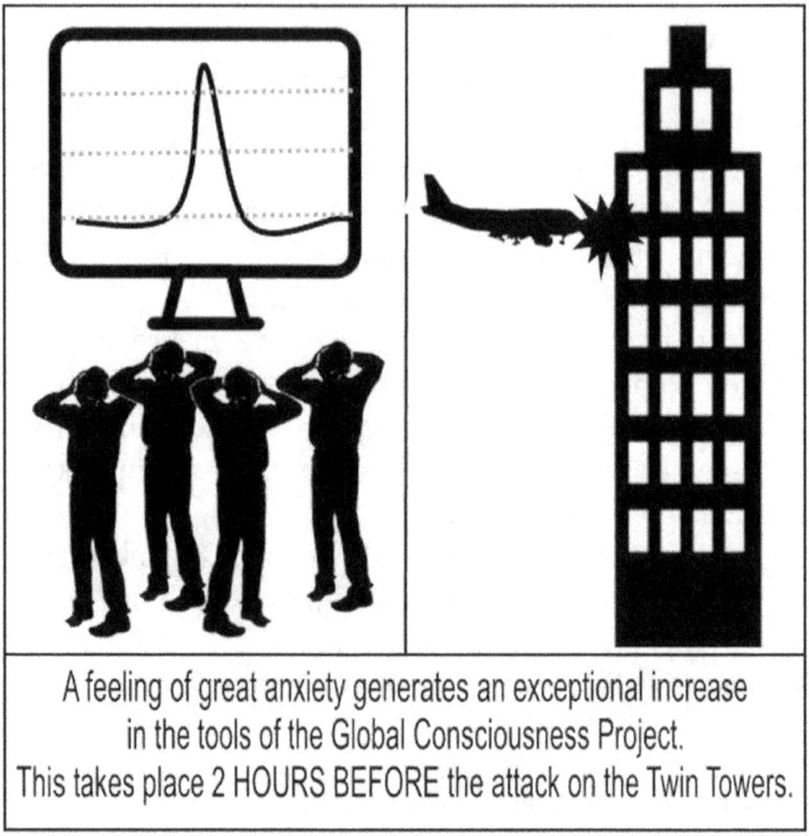

Slika 55. New York, 11. september 2001. Instrumenti "Global Consciousness Project" beležijo zelo močno napetost v svetovnem prebivalstvu dve uri pred udarcem letala ob prvi stolp.

Dejansko se je ta dan zgodila serija štirih samomorilskih napadov, v katerih je bilo ubitih okoli 3000 ljudi in ranjenih še 6000.

V svoji knjigi "Entangled Minds" Dean Radin, ki sodeluje pri projektu, opisuje obnašanje naprav RNG takole:

"In examining the results of the analysis, we noticed that something unusual happened that day. On 11 September 2001, the curve of the graph underwent an incredible deviation in comparison with the other days examined. It turned out that this curve peaked about two hours before the hijacked plane crashed on the first of the Twin Towers, in New York, at 8.46 am local time.
There is no easy answer to the question of why the curve peaked before the terrorist attack, although it does remind us of the data obtained from precognition experiments. What caused this big change? Has the massive coherence achieved by the whole of minds, at world level, that day been reflected in the behavior of random number generators? It seems that things have gone this way. "

»Pri pregledu rezultatov analize smo opazili, da se je tisti dan zgodilo nekaj nenavadnega. 11. septembra 2001 je krivulja grafa doživela neverjetno odstopanje v primerjavi z drugimi pregledanimi dnevi.
Ni enostavnega odgovora na vprašanje, zakaj je krivulja dosegla vrhunec pred terorističnim napadom, čeprav nas spominja na podatke, pridobljene s poskusi predznanja.«

Zaključki. Je pravi čas?

Od zore civilizacije je človeštvo vedno napredovalo nelinearno, čeprav je darvinizem podpiral teorijo postopnega razvoja vrst, ki je postopoma, z ugodnimi mutacijami, šla po poti prilagajanja okoljskim razmeram, tj. imenovani "filetični gradualizem".

Leta 1972 sta dva znanstvenika, Stephen Jay Gould in Niles Eldredge, predlagala teorijo "punktuiranih ravnotežij". Na podlagi študije fosilov sta znanstvenika izpodbijala linearno progresivnost evolucije. Trdili so, da vrsta ostane stabilna dolgo časa, nato pa se v kratkih obdobjih spreminja.

V praksi se evolucijske spremembe dogajajo razmeroma hitro, pod impulzom selektivnih okoljskih sil; ti izbruhi evolucijske variacije bi bili prepredeni z dolgimi obdobji stabilnosti.

Znanstvenika sta se sklicevala na evolucijo vrst na biološki ravni, vendar je očitno, da kar zadeva človeka, biološko evolucijo spremlja tudi kulturna evolucija.

Pravzaprav smo se v 14. poglavju vprašali, zakaj je človek v kameni dobi ostal nepremičen skoraj štiri milijone let, da bi se nato v zadnjih 12.000 letih razvijal z neverjetno hitrostjo, vse do dobe informacijske tehnologije. (glej sliko 30).

V zvezi s tem sem podprl načelo pravega časa. Za vse obstaja pravi trenutek, da se uresniči, trenutek, v katerem so zunanji objektivni pogoji ugodni, da ga je lažje uresničiti.

Pravi trenutek se kaže z vrsto sinhronosti, ki spodbujajo, da »izgrabimo trenutek.« Sinhronosti spodbudijo eno osebo ali celotno skupnost, da se poda na avanturo sprememb.

Za vsakega izmed nas so pravi trenutki, predvsem pa so pravi trenutki za agregacije, ljudstva, celotno človeštvo.

To so trenutki, v katerih je mogoče narediti neverjetne preskoke v zavesti o novih ravneh kulture in civilizacije, h katerim si prizadevamo. V teh primerih posebej močne, vztrajne in ponavljajoče se sinhronosti človeka potiskajo k evolucijskemu preskoku.

Verjamem, da doživljamo enega od teh trenutkov, torej prehod iz civilizacije materije v civilizacijo materije, združene s psiho.

K temu cilju nas vodi neverjetna serija sinhronosti. Doživeli bomo evolucijsko stopnjo uma, v kateri se bo vse spremenilo. Če ima človeštvo pogum za ta preskok, nič več ne bo tako, kot je bilo.

Priča smo razvoju kvantne fizike, neverjetnemu odkritju nelokalne realnosti, v katero se zapleta, nedavnemu razvoju projekta "Globalna zavest". Vse to sovpada s teorijami psihoterapevta Carla Gustava Junga o kolektivnem nezavednem. Veliko je izhajalo iz Jungovega srečanja in sodelovanja s kvantnim fizikom Wolfgangom Paulijem.

Lahko bi se spomnili na desetine in desetine drugih naključnih dogodkov, kot so študije Ruperta Sheldrakea o morfnih poljih ali teorija fizika Davida Bohma o holografskem vesolju.

Vsi ti dogodki, skoncentrirani v zadnjih petdesetih letih, predstavljajo burno reko sinhronosti, ki ustvarja vrtince, ki lahko pometejo stoletja prepričanj, ki niso več skladna z realnostjo.

Med temi pometenimi prepričanji najdemo na prvem mestu materializem. Posledično sta odstranjena nevera in obsodba, ki je definirala nadčutne zaznave »iluzije in prevare«.

Res je, da so v splošni zmedi to izkoristile cele vojske nepoštenih, da bi zavajale druge s hvalisanjem, da imajo domnevne moči ali sposobnosti. To je povzročilo diskreditacijo in zanikanje celote.

Čas je, da povrnemo verodostojnost fenomenu ekstrasenzornih zaznav. Teme je treba pristopiti resno. Zavedati se moramo, da nam jezik nadčutnih pojavov še vedno ni znan. Zdaj pa vemo, da obstajata slovnica in slovar, in se lahko potrudimo, da ju preučimo.

Bibliography

Amir Dan Aczel, Entanglement. The greatest mystery of physics.
Barbour Julian, End of the time.
Barrow John David, From zero to infinity. The great story of Nothing.
Barrow John David, The numbers of the universe,
Barrow John David, Why is the world a mathematician?
Barrow John David, look Frank The anthropic principle.
Beitman Bernard, Messages from coincidences.
Cambray Joseph, Synchronicity. Nature and Psyche In a connected universe.
Cantalupi Tiziano, Santarcangelo Donato, Psychism and reality. .
Capra Fritjof, The Tao of physics.
John Cederquist, Coincidences They don't exist.
Cesati Cassin Marco, We're not here by chance.. The power of coincidences.
Subrahmanyan Chandrasekhar, Truth and Beauty. The reasons for aesthetics in science.
Chinnici Giorgio, Case Guard. The secret mechanisms of the quantum world
Chopra Deepak, Coincidences
Ford Kenneth, The world of Quanta. Quantum physics For everyone.
Gamow George, The Adventures of Mr. Tompkins.
Gamow George, Mr. Tompkins ' New World.
Goswami Arneb, Quantum Lighting Guide.
Greene Brian, The plot of the cosmos. Space,

Greene Brian, The hidden universes of parallel reality And the profound laws of the cosmos.
Greene Brian, The elegant universe. Superstrings, hidden dimensions and the pursuit of definitive theory.
Hawking Stephen The Universe in a nutshell.
Hawking Stephen The theory completely. Origin and destination Dell Universe.
Hawking Stephen The great history of the time.
Hawking Stephen Do Big Bang For black holes. A brief history of the universe.
Heckler, Richard, Coincidences.
Robert Hopke, Nothing happens by chance.
Joseph Frank, The power of coincidences.
Young Carl The analysis of Dreams. Archetypes of the unconscious. Synchronicity.
Young Carl Memories, DreamsReflections.
Kane Gordon, The Garden of Particles Elemental.
Shani Mani Quantum. From Einstein In Bohr, quantum theory, a new idea of reality..
Rei Hans, Christianity and Chinese religiosity.
Lederman Leon, Hill Christopher, Physical Quantum for Poets
Licata Ignazio, Watching the Sphinx.
Motterlini Matteo, Mental traps.
Peat David, Synchronicity. A union between the matter e Psyche.
Popper Karl, The Ego and your brain.
Radin Dean. Intertwined minds. Psychic phenomena explained by quantum physics.
Rhine Louisa, Psychokinesis. in mind Dominates matter..
Schumacher Ernst, A guide to the Perplexed, the B
Sheldrake Rupert, The illusions of Science.
Sheldrake Rupert, The mind Extended..
Michael Smith, Young and Shamanism.

Sparzani and Panepucci. (Curators**)** Young and Pauli. The original correspondence: The meeting between psyche and matter.
Henry Stapp Quantum theory and free will..
Michael Talbot, All is a. Feltrinelli
Teodorani Massimo, Bohm. The Physics of Infinity.
Teodorani Massimo, in mind Creative. From the physical universe to intelligent life.
Teodorani Massimo, The entanglement. The Weave In the quantum world: particles To consciousness.
Teodorani Massimo, Synchronicity. The link between physics and psyche. Da Pauli Young ' s Next In Chopra.
Teodorani Massimo, The Atom and the particles Elementary.
Seems Frank The physics of Immortality.
John White, The encounter between science and spirit..
Claudio Widmann, Synchronicity and coincidences Significant.
Claudio Widmann, Introduction to Synchronicity.

Bruno Del Medico, bloger, pisatelj, urednik, specializiran za širjenje vprašanj, povezanih z družbenimi aktualnimi dogodki in novimi mejami znanosti. Je avtor številnih besedil, povezanih z nedavno pandemijo, in specializirane serije o kvantni fiziki in metafiziki.

www.ingramcontent.com/pod-product-compliance
Lightning Source LLC
LaVergne TN
LVHW050656051026
849532LV00002B/653
* 9 7 9 8 2 1 5 2 6 8 2 3 0 *